世界の街角まちづくり

土岐　寛 *Hiroshi Toki*

Urban Policy of the World

北樹出版

目次

1　歩いて楽しい大通り

1　シカゴのミシガン通り――魅惑の一マイルを歩く　13

2　ボローニャのインデペンデンツァ通り――ポルティコの街　15

3　シャンゼリゼ通り――パリの中心軸を歩く　18

4　リスボンのリベルダーデ通り――都市改造が生んだ公園大通り　21

5　オスロのカール・ヨハンスガーテ――典雅で祝祭的な目抜き通り　23

6　バルセロナのランブラス通り――歩く楽しみあふれる公共空間　26

7　ダブリンのオコンネル通り――解放と独立を象徴する大通り　28

8　メルボルンのコリンズ通り――緑豊かな庭園都市　31

9　ニューヨーク、五番街ぶら歩き　34

10　銀座通り――銀座らしさと街づくりの作法　36

11　東京原宿・表参道――風格のあるケヤキ並木　39

2 広場と市役所は都市の心臓

1 シエナのカンポ広場――広場のなかの広場 43
2 ヴェネツィアのサン・マルコ広場――水上都市のアイデンティティ 45
3 ミュンヘンの心臓――マリエン広場 48
4 ブルージュのマルクト広場――黄金期の残照漂う広場 50
5 アントワープの市役所前広場――旗がひるがえる祝祭空間 53
6 ウィーン市役所――求心性とホスピタリティ 55
7 ダブリン市役所――市民の誇りと歴史 58
8 アオーレ長岡――市民に愛される市役所とは 60
9 リスボンの広場を歩く 62
コメルシオ広場　ロシオ広場　フィゲイラ広場

3 二〇一三年ドイツ都市

1 〝環境首都〟フライブルクの今 67

"環境首都" フライブルク　旅行者に路面電車・バスのフリーパス
都心はトランジットモール　グリーン・シティのホットスポット
美しい街、フライブルク
2　文化芸術都市ドレスデンの今　73
ドレスデンはなぜ爆撃されたのか　再建された旧市街
世界遺産はなぜ取り消されたのか
3　ハイデルベルクを歩く　79
ハウプト通り　よみがえる学生牢
4　ライプチヒを歩く　83
ワーグナーとライプチヒ大学　バッハ博物館
5　結婚式は市役所で──ワイマール　87

4　歴史を刻む都市空間

1　ドブロヴニク──奇跡の都市国家　91
2　ベルギーの古都ゲント　94
3　ケベック──歴史の風趣あふれる旧市街　96

4　ハリファックスの印象――要塞都市の今昔　99
5　ルーネンバーグ――ライトハウス・ルートの開拓都市　101
6　ギマランイスを歩く――中世の歴史を刻む古都　103
7　戦争博物館――何を学ぶべきか　106

5　都市文化紀行

1　ブダペスト――郷愁漂う東欧の街　109
世界遺産都市ブダペスト　キシュ・ピパと「暗い日曜日」
ゲッレールト温泉とセーチェニ温泉
2　シカゴ――大都市の多彩な文化　114
シカゴ建築クルーズ　ブルースを聴く　世界最大の図書館
3　ダブリンを歩く――アイルランドの文豪たち　118
文学大国アイルランド　ジェイムズ・ジョイスとバーナード・ショー
4　ストラスブール――最新型路面電車LRTの街　124
5　オスロ――歩いて楽しいムンクの街　126

6 ソルトレイク――広大な小都市 129
7 ポルトガルの街を歩く――一冊の本に導かれて 133
8 ソウルの清渓川 137
よみがえった都心の河川 再生のプロセス
9 韓国・江陵――蓄音機博物館 141
10 ソウル――東京と相似形の都市 143

6 都市の再生とアメニティ

1 ダブリンのテンプル・バー――魅力的な再開発エリア 147
2 ポートランド――歩いて楽しいコンパクトシティ 150
3 ウィーン――世界一住みよい都市 153
4 パリはなぜパリなのか 156
5 ロンドンのコベント・ガーデン――都心歴史空間の保全的再生 158
6 オステンド――小都市の豊かな歴史と文化 160
7 九・一一後のニューヨーク 162

8　もう一歩前へ――男子小用トイレ考　164

7　日本の街角・まちづくり

1　冬の越中八尾――おわら風の盆の町並み　167
2　小樽運河再訪――多少の違和感　169
3　門司港レトロ地区――妥協と逆転の発想　171
4　厳島神社――時間と美の舞台　173
5　五個荘――近江商人屋敷と外村繁　175
6　塩沢宿・牧之通り――雪国の宿場町再現　177
7　富山市岩瀬大町・新川町通り――回船問屋の町並み　179
8　青森市――コンパクトシティの実験　182
9　長浜――湖国の春を歩く　184
10　喜多方にて――モーツァルトと日本酒　186
11　郡上八幡――安定した生活文化　187
12　妻籠宿再訪――世界遺産は必要か　189

13 馬籠宿再訪――越県合併記念碑に思う 191
14 架け替え終わった錦帯橋 194
15 香川県内子座――伝統の歌舞伎小屋 196
16 大阪市舞洲ゴミ焼却場――デザインのインパクト 198
17 高松再訪――自転車で回れる都市 200
18 リスボンから日本へエール 202
19 電柱王国日本――投網の空 204
20 京都・産寧坂――電線類地中化の効果 206
21 新宿ゴールデン街――伝説の飲み屋街 208
22 六本木ヒルズ――垂直田園都市の可能性 210
23 スカイツリーから見た景観 213
あとがき 217

コラム 目次

1 オン・ザ・ストリート (42)
2 ショパンへの旅 (90)
3 建築家アドルフ (108)
4 リヨンの街並み再現 (146)
5 建築写真展 (216)

初出掲載誌紙・ブログ

時事通信社『地方行政』
ぎょうせい『地方財務』
行政情報システム研究所『行政＆情報システム』
大東文化大学新聞『大東文化』
http://www.id-core.co.jp/tokihome.html
写真は筆者撮影による。

世界の街角まちづくり

1 歩いて楽しい大通り

1 シカゴのミシガン通り
——魅惑の一マイルを歩く

シカゴの街を南北に走るミシガン通りはかなり長い通りだが、シカゴ川から北側のオーク通りまでの部分が通称、Magnificent Mile（魅惑の一マイル）と呼ばれている。パリのシャンゼリゼ、ニューヨークの五番街、東京の銀座通りのような都市を代表する通りである。

しかし、この通りは魅惑の一マイルだけではもったいな

ミシガン通りからダウンタウンを望む

い。もっと南から歩かないといけない。映画でよく使われるヒルトンホテル辺りからゆっくり歩いて行くのがいい。建物が少なく、通りの美しさが実感できる。途中からなだらかな下りになり、両側は豊かな街路樹に包まれ、その奥に林立する高層ビルが目に飛び込んでくる。

しばらくの間、右側は公園で、左側には瀟洒なビルが並んでいる。シカゴ建築センターやオーケストラホールが現れる。シカゴは何といっても素晴らしい建築の街なのだ。その先の右側には古典的スタイルのシカゴ美術館がある。入口階段上でライオン二頭が立って入場者をお迎えだ。

さらに歩くと楽しいミレニアムパークに誘われる。地下劇場、野外音楽堂、植物園、スケートリンクなどがある。湾曲した鏡のような巨大なオブジェ、クラウンゲートと、高さ一五メートルの二つの長方形のタワーの壁面を流れる水の表面に映像が映し出されるクラウンファウンテンが人気だ。

以上のループエリアを過ぎて、シカゴ川を渡ると、いよいよ魅惑の一マイルである。入口には一九二五年竣工の典雅なゴシック様式のシカゴ・トリビューン紙本社ビルがある。創立七五周年を記念し、国際建築競技設計としてデザインが公募されて建設されたビルである。

しばらく歩くと、直線の通りが少しカーブする。一八七一年シカゴ大火で生き残ったウォータータワー（給水塔）があるためだ。市はミシガン通り拡幅のため、取り壊す方針だったが、市民が猛反対して保全された歴史遺産である。

上からミシガン通りを眺めてみようと、ジョン・ハンコック・センターに上る。一〇〇階建て、高さ三四三メートルでシカゴでは三番目の高さだ。展望階は九四階、エレベーターで三九秒の速さだ。シカゴ大火の後に建設ラッシュが始まり、多くの超高層ビルが建ったが、その背景にはエレベーターの開発があったことを再確認する。

ウォータータワーで折れたミシガン通りもミシガン湖もハイウェーも手に取るように視界に入ってくる。整然と並んだ超高層ビル群はデザイン的にも調和がとれ、無用に競うことなく、個性を表現している。美的な洗練度においてはニューヨークのマンハッタンを優に超越している。

シカゴ市民が〝魅惑の一マイル〟と誇るだけの理由は十分にある。通りは道路だけでは成立しない。通りに沿った建築物や公園や街路樹などが適切かつ魅力的に配されて初めて、市民が誇る通りが成立することを教えてくれる。

2 ボローニャのインデペンデンツァ通り
——ポルティコの街

ボローニャ中央駅に近いホテルに荷物を置いて、目抜き通りのインデペンデンツァ通りを散歩する。市役所やサン・ペトロニオ教会、ポデスタ宮殿、ネプチューンの噴水があるマッジョーレ広場まで一直線だ。左右に立派なポルティコ（柱楼、アーケード）がある。

ボローニャはポルティコの街だ。目抜き通りのインデペンデンツァ通りのポルティコはいかにも風格がある。歩きながら、どうして中心市街のほぼ全域にポルティコがあるのだろうと思った。ウインドーショッピングもできるし、カフェテリアやアトリエに利用されているところもある。観葉植物が置いてあったり、ストリートミュージシャンが演奏していたりもする。都市の散歩道とも縁側ともいえる。

何より陽射や雨をしのぐことができる。ボローニャでは雨の日に傘がなくても街を歩ける。アーケードのある街は少なくないが、ボローニャのような大規模なところはない。聞きかじったところでは、キーワードはボローニャ大学だった。

ポルティコの街・ボローニャ

ボローニャ大学は起源が八世紀にさかのぼるヨーロッパ最古の大学といわれるが、自治都市となった一二世紀にヨーロッパ中からたくさんの学生が集まり、下宿不足となった。そのため仕方なく、二階を通りに張り出して増築したのである。つまり、歩道の上に増築したのだ。

総延長は約四〇キロメートルにも及ぶ。石造り、レンガ、木造と素材もデザイン、様式、色彩も多様なのは、ポルティコがそれぞれの建築物の一部だからである。過去にはイタリアの他都市にもあったが、次第に取り払われたようだ。ボローニャでは逆に家屋の一部をポルティコにするルールができた。

ポルティコは都市の回廊で公共空間であるが、各家屋の一部でもある。そのため、家の象徴として美しさや豪華さが競われた歴史がある。日本の宿場町や商家のうだつとも似ている。美しく装飾されたポルティコは貴族の権力の象徴となった。

ボローニャは塔の町でもあった。百塔の町といわれ、多いときは一八〇もの高い塔があった。これも貴族の権力や繁栄の象徴となり、高さが競われた。その名残は今もボローニャで観察される。斜塔はピサの専属ではなく、ボローニャにもあった。その斜塔のとなりのアジネッリの塔(約九七メートル)に上り、市内を眺めた。赤い屋根の建物が求心力のある構造で整然と並び、中世都市の歴史と威光を漂わせている。

ボローニャ大学ものぞいてみた。ザンボーニ通りに面した大学はポルティコから気楽に入れる普通の建物である。壁には下宿探しや演奏会や政治集会のちらしがびっしりだ。旧ボローニャ大学は市立図書館になっているが、世界最古といわれる解剖学教室が保存、公開されており、歴史を感じさせた。日本語のパンフレットもあった。

市街のポルティコを抜けて丘の上の教会に行く。ポルティコのような回廊が設けられており、やはり雨も陽射しも避けながら、教会に詣でることができる。奈良の長谷寺の登廊と似ているが、かなり長大だ。頂上からはエミリア・ロマーニャ州が一望された。

3 シャンゼリゼ通り

——パリの中心軸を歩く

久しぶりにパリを訪れた。朝、ホテルに近いチュイルリー公園を散歩し、ルーブルから右に折れ、セーヌ河を眺める。九月初旬だがもう肌寒い。ポン・デザール（芸術橋）を渡って、サン・ジェルマン・デ・プレに出る。前回はこの近くの小さなホテルに泊まったのだが、ホテルが探し出せない。廃業したのか、それとも記憶が薄れたのか。多分、後者だろう。

パリ最古といわれるサン・ジェルマン・デ・プレ教会には初めて入った。次はオルセー美術館。ここも初めてだが、入場希望者が列をなしている。オルレアン鉄道の終着駅を利用した美術館だ。丸天井と壁の大時計が駅舎らしい。印象派、後期印象派の絵が素晴らしい。フラッシュは禁止だが、ビデオもカメラも自由に使えるのがいい。

エッフェル塔にも初めて上った。やはり行列だった。二度、乗り換え、二七六メートルの高さからパリ市街を見下ろすと、パリがいかに整然と計画された都市であるかが分かる。エッフェル塔に隣接するバロック式のシャン・ド・マルス公園、その両サイドにシンメトリーに広がる市街。高さが均一で看板がない。もちろん電線、電柱はない。

セーヌ川に寄り添うように走る何本もの都市軸。都市空間のアクセントになっている宮殿や公共建築物や公園、広場。イエナ橋を渡り、セーヌ対岸のシャイヨー宮からエッフェル塔の全容を遠望する。パリの都市空間に調和したエッフェル塔にしばらく見入る。

クレベール通りのカフェでひと休みして、凱旋門のあるシャルル・ド・ゴール広場に着いたときには午後の陽射しもかげり始めていた。凱旋門の上から見るシャンゼリゼ通りは相変わらずにぎやかだ。片側五車線の車道とマロニエの街路樹、広い歩道。通りの奥のコンコルド広場には仮設の白い観覧車が見える。

全長約一九〇〇メートルのシャンゼリゼ通りの西半分は、両側にショールームやブティック、レストラン、カフェ、

凱旋門からシャンゼリゼを望む

映画館などが並び、人の流れが絶えない。まさに世界を代表する大通りだ。しかし、最近は市周辺のシネマコンプレックスの隆盛で映画館は減り、ファーストフードや衣料品チェーン店が増えているようだ。

出店の認可は沿道の店舗や企業でつくるシャンゼリゼ委員会で審査しているというが、景気や世情の動向、変化を無視もできず、文化性と品位とにぎわいの調和を持続するのは難しい。その日は映画関係のイベントがあり、人気スターを見ようとする人々でごった返していたが、珍しい光景だったのかも知れない。

途中のロン・ポアン（円形広場）からコンコルド広場までは、木立、芝生に囲まれた公園内の道路のようだ。樹木の剪定《せんてい》が直角、水平なのはフランスらしい。屋台でミネラルウォーターとフルーツを買う。若い女性の売り子が片言の日本語で話しかけてくる。

シャンゼリゼ通りは、パリの歴史軸、中心軸ともいわれる。一九世紀後半、セーヌ県知事オスマンが皇帝ナポレオン三世下で実施したパリ改造事業の心臓部だった。一二本の大通り、上下水道など公共施設の整備で物流機能と生活機能が格段に向上し、パリは近代都市に生まれ変わった。同時に改造事業はスラムや路地裏をなくして、ゲリラ活動、革命運動を制し、皇帝の威光を高めることにも目的があった。その強引な都市大改造が最大の遺産になっていることをどう考えるべきだろうか。

4 リスボンのリベルダーデ通り

――都市改造が生んだ公園大通り

リスボンのリベルダーデ通りは、都心のレスタウラドーレス広場から、郊外へ延びる道路の起点となっているポンバル侯爵広場を結ぶ直線道路である。長さ一五〇〇メートル、幅員九〇メートルで開通は一八八二年。パリのシャンゼリゼより広く、ヨーロッパでも有数の大通りだ。ポンバル侯爵広場からレスタウラドーレス広場に向かって緩やかな下り坂になっており、沿道には高級ホテル、映画館、劇場、ナイトクラブ、オフィスビルなどが並んでいる。

道路は通常の歩道、一方通行の車道、大規模なグリーンベルト、広い両面交通（五～六車線）の車道、大規模なグリーンベルト、一方通行の車道、通常の歩道という構造である。特徴的なのは、本線の両側の広大なグリーンベルト

公園のようなリベルダーデ通り

である。細長い公園といった方が適当だ。ベンチがたくさん置かれ、花壇や噴水や池や彫像があり、レストランさえある。オープンカフェで緑陰のコーヒーを飲みながら、ときにはライブ演奏も楽しめる。

このような市民的な大通りは世界的にも珍しいと思われる。高さ三〇メートルのオベリスクが建っているレスタウラドーレス広場のレスタウラドーレスは「復興者たち」の意味で、リベルダーデ通りのリベルダーデが「自由」を意味することからうかがわれるように、スペインの支配を脱した歴史が道路建設理念の背景にある。

リベルダーデ通りは大地震の産物でもある。リスボンは一七五五年一一月一日、大地震に襲われた。直後に広大なテージョ川の水が津波となって町に押し寄せ、火災も発生、未曾有の災害がもたらされた。火災は六日間続き、都心の王宮やオペラ劇場、貴族の邸宅を灰塵に帰した。犠牲者数は当時の市人口一七万人の内、四・五万人、全壊建物も三〇〇〇戸に上った。

リスボンの都市復興を指揮したのは、国王ドン・ジョゼの全面的な信任を得ていたポンバル侯爵だった。彼は絶対的な権力で国政全体に啓蒙的改革を加えた。負傷者の手当て、ペストの予防、死者の埋葬、犯罪の防止などを指揮する一方、都市再建計画を打ち出し、民間人による勝手な建設工事を厳禁した。

外交官の経験があったポンバル侯爵は、近代ヨーロッパ諸国の都市を復興のモデルにし、道幅を広げ、広場を整備し、被災地を碁盤目状に区画整理した。貴族の邸宅は山の手に追いやられ、建物は教会も含めて高さが制限された。反対は許されなかった。

リベルダーデ通りのグリーンベルトにはプラタナスがうっそうと茂っている。歩道が石畳ないし地面で、雨水が地下に浸透するためだ。石畳もモザイク模様など美的な装飾が施されている。こうした快適な都市装置の技術や伝統も脈々と継承されていると感じる。

都心の大通りなのに、まるで公園を歩いている感じだ。道路なのか公園なのか。否応なしに造られたにしても、このリベルダーデ通りが今日のリスボンの貴重な財産であることは間違いない。ポンバル侯爵の都市改造はこのリベルダーデ通りで完成したというべきだろう。

5　オスロのカール・ヨハンスガーテ
――典雅で祝祭的な目抜き通り

オスロ中央駅と王宮を結ぶオスロの目抜き通りである。駅よりの東側半分は歩行者専用通りになっている。さまざまなイベント空間になり、五月一七日の独立記念日には道路を埋め尽くすほどのパレードで祝祭的気分が盛り上がる。

オスロは港町で、緩やかな起伏に富んでいる。カール・ヨハンスガーテも若干の上り下りがある。看板類は控え目だが街路灯などは装飾的で全体の景観バランスが美しい。いつも人通りが絶えない。ストリートライブや辻音楽師も多い。高級ブティックやレストラン、お土産店が並んでいる。国会議事堂、国立劇場、国立美術館、オスロ大学なども近い。

一キロメートルくらい歩くと王宮である。毎日午前一一時に衛兵の交代式がある。型通りだが、ゲルマン系民族らしく、規律正しい。ラテン系の国だと、衛兵同志がしゃべったりしているが、デンマークやノルウェーではそういうことはない。しかし、観光客といっしょにカメラに収まったりする気さくさはある。

端正なカール・ヨハンスガーテ

王宮は特別華麗というわけではなく、どちらかというと地味なたたずまいだ。王宮には入れないが、周囲の公園は開放されている。鉄扉越しに王宮をのぞいてみると、銃を持った衛兵がひとり、行進をしていた。

王宮の正面に、この王宮の建設を命じたスウェーデン王でノルウェーの支配者でもあったカール・ヨハン国王の馬上像がある。カール・ヨハンスガーテというのは、カール・ヨハン王通りなのである。ノルウェーはスウェーデンの支配を受けていただけではない。その前は四世紀もの間、デンマークの支配下におかれた歴史をもっている。

さらに、第二次大戦ではドイツに占領される苦しみも受けている。いわば、小国の悲哀を一身に背負い続けてきたのである。しかし、民族的誇りを高くもち、国内的には権力の集中を避け、地域の独自性、自立を尊重してきた。カール・ヨハンスガーテを歩いていると、通りの隅々まで真珠のように磨き上げ、オスロという人口約六〇万のメルヘンのような首都の洗練された目抜き通りに育てた歴史を感じることができる。

オスロの市街はコンパクトであり、市電、市バス、地下鉄のネットワークでどこへでも簡単に行くことができる。石造建築が多いが、森の国だからかつては木造建築がほとんどだった。しかし、海から吹き上げてくる強風に乗って大火が相次ぎ、木造は禁止されて、不燃都市となった。そのシンボルがツインタワーの美術館のような市役所である。

渋谷のセンター街とカール・ヨハンスガーテを比較考察したことがある。センター通りは、建物の第一次輪郭線は見えず、派手な商業看板の第二次輪郭線に支配されている。カール・ヨハンスガーテは歴史と文化をにじませた典雅な建物自体が心地よいアンサンブルをなしている。センター街は最近、バスケットボールストリートと名づけられたようだが、実態の改善が伴わなければば空しさが増すばかりである。

6 バルセロナのランブラス通り
――歩く楽しみあふれる公共空間

ランブラス通りはバルセロナを代表する美しい通りである。カタルーニャ広場からコロンブスの塔まで続く約一五〇〇メートルの並木道である。中央部が広い遊歩道で両サイドにうっそうと葉を茂らせたプラタナス並木が続き、その両サイドにそれぞれ一車線の車道、さらにその両サイドに歩道がある。構造はリスボンのリベルダーデ通りと似ている。

ポルタル・デ・ラ・パウ広場の中央にそびえるコロンブスの塔も重厚だ。高さ五〇メートル。コロンブスが右手を伸ばし、人差し指で海を指している。この海から世界に飛翔した歴史を物語っており、海への感謝の気持ちを象徴したモニュメントといわれる。一八八八年の万博の際に建てられたものだが、歴史的にはコロンブスの新大陸発見は、地中海都市バルセロナの発展に影を差すことにもなった。

ランブラス通りはいつもにぎやかだ。カフェやレストラン、ブティック、みやげ店のほか、新聞スタンド、花やペットを売る露店も立ち並んでいる。大道芸人や多彩なパフォーマーたちも華を添える。通りの近くにはビアレストランのあるレイアル広場やどんな食料品も揃うボケリア市場などがあり、ランブラス通りを歩いて、横道にそれ、またランブラス通りに戻るといった楽しみ方もできる。

このランブラス通りは一三世紀に造られた市壁の跡地である。一四世紀に市壁が南西に拡張された後も、ランブラス市壁は残り、その後四〇〇年以上も市内を二分していた。市壁沿いに農産物の市が立ち、にぎわった。しかし一八世紀に人口が急増し、一〇万人を超えると、ランブラス市壁は汚物の集積所になり、都市排水が海に流れ込む排水路となった（岡部明子『バルセロナ』中公新書、二〇一〇年）。

やがてランブラス市壁を撤去して目抜き通りにするバルセロナ初の都市計画事業が実施され、不衛生な市壁は立派な大通りに生まれ変わった。これはオスマンによるパリの都市改造と同様に、軍隊の出動の利便性と市民監視に主目的があったが、現代都市にとって大きな遺産になっていることは、パリと同様である。

にぎやかなランブラス通り

スペイン内戦でもランブラス通りは共産党系とアナーキスト系の対立の境界線になった。戦後、カタルニアとバルセロナはフランコ独裁政権に徹底的に抑圧されたが、一九七五年にフランコが死去し、一九九二年バルセロナオリンピックを経た今日は、バルセロナはヨーロッパ有数の都市政策先進都市として知られる。

ランブラス通りは脱工業化のモデル都市バルセロナを象徴している。歩いて楽しい都市、出会いのある都市が、バルセロナ都市再生の基本コンセプトだった。そのために、大小さまざまの広場や公共空間が効果的に配置されているが、ランブラス通りはその中心的存在である。「会いたいけれど会えない人がいるなら、ランブラス通りに行けばいい」という言い伝えが、歩いていて実感されるようだった。

7 ダブリンのオコンネル通り

――解放と独立を象徴する大通り

オコンネル通りはダブリンの銀座通りである。長さは一キロメートルに満たないが、アイルランドのイギリスからの解放と独立を象徴する大通りである。両側の広い歩道に加え、中央にも街路樹と歩道の遊歩空間があり、ゆったり歩くことができる。

一八世紀半ばにこの地域が大規模開発され、一七九四年にリフィー川にカーライル橋（現オコンネル橋）が架けられて、メインストリートがケイペル通りからドロエダ通り（現オコンネル通り）に移行した歴史がある。この移行の際に、道幅は三倍の四五メートルに広げられ、当時ヨーロッパで最も広い通りとなった。

通りの名称は、ドロエダ通りから、当時のイギリス総督の名前のサックビル通りとなった。その後、開発地域の変遷やイギリスへの帰属などでサックビル通りは衰微するが、一八八二年にカトリック解放法の成立に貢献したダニエル・オコンネルの像がリフィー川沿いに建った頃から、ダブリンのシンボル通りになっていく。

カーライル橋も広げられて、オコンネル橋と呼ばれるようになり、やがてダブリン市民はサックビル通りをオコンネル通りと呼ぶようになって、一九二四年に正式に「オコンネル通り」となった。こうした通りの名称の変化は珍しくはないが、オコンネル通りは一九二二年内戦の場所にな

風格あるオコンネル通り

り、今でも銃弾の跡を残した建物が少なくない。つまり、オコンネル通りには解放と独立の歴史が凝縮されているのだ。

オコンネル通りは風格と華やかさがほど良く調和した美しく市民的な通りだ。歴史的建造物と現代的な建物が無理なく共存している。高さは五、六階に抑えられ、スカイラインが整然としている。

司馬遼太郎が「街道をゆく」シリーズの取材のためにダブリンを訪れたときに投宿したザ・グレシャム・ホテルもオコンネル通りにある。ダブリンで最も由緒あるホテルのひとつである。アイルランド独立戦争の時、マイケル・コリンズがこのホテルで同志とたびたび密会したといわれる。

オコンネル通りには、オコンネルのほか、オコンネルをサポートしたジョン・グレイや、青年アイルランド党リーダーのウイリアム・スミス・オブライエン、文豪ジェイムズ・ジョイス、禁酒主義のマシュー神父などの像もある。

驚かされたのは、オコンネル通りの中央に造られた「光のモニュメント／スパイヤ」だ。ステンレス製の円錐型の塔で土台が直径三メートル、高さ一二〇メートルで二〇〇三年に完成している。賛否両論あったが、ダブリンの新たなランドマークとして定着しつつある。

光のモニュメントの場所には、イギリス帝国主義のシンボルであるネルソン提督の記念碑（一八〇八年建設、高さ四〇メートル）があった。もともとダブリン市民には不評だったが、一九六六年に台座を残して爆破されたという。

8　メルボルンのコリンズ通り

――緑豊かな庭園都市

メルボルンのメインストリートは、東西に走るパーク通りとコリンズ通り、南北に走るスワンストン通りとエリザベス通りの四本である。都市構造は格子状、碁盤の目で整然としている。メルボルン市の人口は一〇万に満たないが、都市圏人口は三五〇万に達する。

市域の四分の一が庭園という庭園都市である。代表的な庭園は、フィッツロイ・ガーデンズにカールトン・ガーデンズ、フラッグスタッフ・ガーデンズ。パーク（公園）ではなく、ガーデ

新旧のビルがあるコリンズ通り

ンズ（庭園）なのである。

市の中心を流れるヤラ川は、公園の樹木や街路樹や青空を川面に映してゆったりと流れている。ヤラは先住民族アボリジニの言葉で〝流れの速い川〟を意味する。

シンガポール調査の後、メルボルンへ着いたのは、五月下旬だった。常夏の国シンガポールは盛夏そのものの暑さだったが、メルボルンは晩秋だった。着替えの忙しい旅だった。メルボルンは落ち着いた美しい街だ。シドニーはアメリカ的で、メルボルンはヨーロッパ的といわれる。シドニーを東京にたとえれば、メルボルンは京都になる。

メルボルンは〝一日のうちに四季がある〟ことでも有名だ。五月末のメルボルンは街路樹もすっかり紅葉し、目抜き通りのコリンズ通りを歩くと、ビクトリア王朝時代をしのばせるクラシックな建物とよく調和していた。風は冷たかったが、柔らかい日差しに救われる感じで、メルボルンの第一印象は悪いものではなかった。

しかし、翌朝、ヒアリングのため、市役所まで歩いて行こうとしたら、それまで穏やかだった天気が急変し、ひどい雨風になった。とても歩いては行けず、ホテルに戻ってタクシーを呼んだりしているうちに、約束の時間に少し遅刻する羽目になった。それも市役所に着く頃にはもとの穏やかな天気に戻り、バカにされた気分だったが、これこそ〝一日のうちに四季がある〟メルボルンの軽いあいさつだったのだろう。

市役所はコリンズ通りに面している。タクシーに乗るとき、シティ・ホールまでといったら、ドライバーに聞き返された。発音が悪いからかと思い、ゆっくりいい直したが、通じない。分かったのは、シティ・ホールとはいわず、タウン・ホールということだった。これもイギリス流である。一八七〇年代に建てられた砂岩造りの荘重な建物だ。

コリンズ通りは、街路樹と古風な建物が並ぶメルボルンで最も優雅な通りといわれる。大企業本社や銀行、証券会社、有名ブランドショップ、ブティック、カフェ、レストランなどが軒を連ねている。人通りが絶えないにぎやかさだ。

コリンズ通りの高層ビル最上階のレストランから市内を眺望する。鉄道と王立植物園の間をヤラ川が蛇行して流れている。一九八八年の建国二〇〇年を境に再開発が進み、近代的ビルが増えた。四本のメインストリートを軸にトラム（路面電車）のネットワークを使えば、移動は自由自在で、庭園都市の散策にぴったりだ。

9 ニューヨーク、五番街ぶら歩き

東京有楽町の国際フォーラムで高橋真梨子を聴く。年二回ここのコンサートに来るようになって何年になるだろうか。以前は新宿の厚生年金会館が会場だった。フォーラムは規模が大きいので、かつては夏秋各四回だった東京のコンサートを各二回で済ますことができる。彼女もベテランになったので仕方がない。ステージが遠い分、左右に大型のスクリーンが用意され、東京ドームの小型版のようだ。

その夜はディナーショーは別にして、最後のコンサートということで、彼女もバンドメンバーもリラックスムードで楽しいステージだった。持ち歌の合間にグレン・ミラーの曲が挟まれ、彼女もサックスを吹きながら、スタンダードナンバーを歌った。一気にニューヨークの風が流れ出した。高橋真梨子といえば、ニューヨークだ。彼女が作詞したMy Heart New York Cityには、ニューヨークへの熱い想いが織り込められている。カーネギー・ホールでのコンサートも忘れら

華やかで気品ある五番街

れないに違いない。彼女がソロシンガーになる前の曲、阿久悠作詞・都倉俊一作曲「五番街のマリーへ」は、ニューヨークの具体的な通り名をとっているが、My Heart New York City のような心象風景は含まれていない。普遍的なラブソングの遠景に置かれているだけだが、長年のファンとしては気になる曲だ。

何年か前の初秋にセントラルパークを二、三時間ぶらついた後、七九丁目から隣接する五番街に出てしばらく歩いたことがある。五番街はマンハッタンを東西に二分する目抜き通りだ。しかし、セントラルパークに接する五番街は比較的地味な建物が続いている。「五番街のマリーへ」のマリーの家はきっとこんなところにあったのだろうと想像した。

セントラルパークの入り口に面した五九丁目から四二丁目当たりまで延びる一五〇〇メートルくらいが、観光的にも代表的な五番街だ。ロックフェラーセンター、ニューヨーク市立図書館、セントパトリック教会、エンパイア・ステート・ビルなどがあり、五番街の基点ワシントン・スクエアにたどり着く。バスに乗り、エンパイア・ステート・ビル近くで降りて、久しぶりに上ってみた。かつてはシカゴのシアーズ・タワー、九・一一同時多発テロで崩壊したワールド・トレード・センターに次ぐ世界で三番目に高かった一〇二階建て、三八一メートルのビルだ。展望台から見たマンハッタンのビル群は碁盤の目の道路に沿って整然と並んでいる。クライスラー・ビルも相変わらず、優美華麗な姿を見せている。

五番街は端正な目抜き通りだ。飛び出た看板などはなく、街並みに品位と風趣がある。歩道も広く、歩いて楽しい通りだ。何時間タウンウォッチしていても飽きない。夕暮れになり、ブロードウェイのホテルに戻って、ユカさんの連絡を待つ。東京では毎年、コンサートを開いているジャズシンガーだが、本拠地のニューヨークで会うのは二度目だ。

二時間後、彼女のなじみの店で赤ワインを飲みながら、イタリア料理を楽しむ。彼女は仕事をもちながら、歌の勉強を続け、時折ステージに出ている。食後、日本人経営のカラオケへ行く。プロの前でどうかと思ったが、すすめられるまま、アルコールの勢いで「五番街のマリーへ」を歌う。何となく、その日の締めくくりのような気分がした。

10 銀座通り
——銀座らしさと街づくりの作法

銀座通りは東京のみならず、日本を代表する通りである。ここでいう銀座通りとは、銀座一丁目から八丁目までの中央通り約九〇〇メートルを意味する。銀座通りが新宿や渋谷、池袋の大通りと違うのは、両側に広い歩道があり、比較的に建物の高さが揃っており、屋外広告物が控え目で、お洒落かつ品格があるといったところであろうか。

しかし、パリのシャンゼリゼの道路幅七〇メートル、歩道一一・五メートルに比べれば、銀座通りはそれぞれ三〇メートル、六・五メートルで約半分のスケールである。かつ、そで看板が多いことを考えると、道路構造的にも景観的にも道半ばになるが、日本では飛び抜けた存在となっている。全国に〇〇銀座が三〇〇から五〇〇もあることがそれを象徴している。

銀ブラという言葉も健在だが、日本橋、京橋から歩くと、日本橋、京橋では歴史的な建物がどんどん二〇階建以上の高層ビルに建て替えられているが、銀座通りはそういうことはない。まったくないことはなく、最近はブランドショップビルなどの飛び出た高層ビルもいくつか見られるが、銀座には〝自律・自浄作用〟がある。それはかつて〝銀座フィルター〟と呼ばれたもので、「文書や決まりごとではなく、銀座らしいものをよりわける粋な不文律であり紳士協定」「銀座らしくないものをふるいにかける機能」だった(竹沢えり子『銀座にはなぜ超高層ビルがないのか』平凡社新書、二〇一三年)。イギリスのアメニティの考え方と似て

銀座三丁目から新橋方面を望む

いる。

しかし、伝統的な家業的ネットワークに対する外部大資本の進出攻勢で、銀座らしさに対する価値観の共有が難しくなると、具体的な数値を含む〝銀座ルール〟や〝銀座デザインルール〟の設定が不可避となった。前者によって、高さ五六メートル、屋上工作物一〇メートルを入れて上限六六メートルなどの数値が決められ、高さ一九〇メートルの松坂屋・森ビル再開発計画をストップすることができた。

このように銀座は新宿や渋谷、池袋のような経済機能優先志向とは一味も二味も違う街づくりにこだわりつづけている。新宿、池袋、浅草ではとうに廃止された歩行者天国が銀座では継続されているのもその一環だろう。銀座通りは歩いて楽しい大通りなのである。

銀座は中央通りだけでなく、並木通りやみゆき通りなどにもそれぞれの味がある。また銀座には多数の路地がある。京都のように細い路地が通りと通りを連絡する毛細血管の働きをしている。ひっそりした狭い路地空間に、洒落たバーや小料理屋や骨董屋があったりする。

明治初期には不燃の煉瓦街建設など、文明開化の先進地だったが、今日では銀座は格式と風格のある伝統的な街として、いい意味での保守的な街づくりの作法を体現した盛り場となっている。それも行政主導ではなくて、町会連合や銀座通連合会など地域住民と業界が一体となって、中央区など行政に働きかけて、ルールを創り上げていったことが評価される。中世の堺商人の都市自治を連想させるものがある。

11
東京原宿・表参道
――風格のあるケヤキ並木

もう四〇年余りも前のことになるが、原宿・表参道に、勤めていた会社の独身寮があり、二年ほど住んでいたことがある。当時から原宿セントラルアパートや千疋屋はあったが、原宿駅から下って明治通りを越すと地味な雰囲気で、昨今のにぎわいなど想像もできなかった。竹下通りもまだ無名の時代である。同潤会アパートはもちろん健在で、表参道のシンボル的存在だった。ケヤキ並木は現在とほぼ変わらないが、表参道は青山通りに至るまで地味だった。

表参道の華やかさが増していくのは、一九八〇年前後からだろうか。地下鉄千代田線の明治神宮前駅が開業し、沿

ハロウィン・パレードの表参道

道の建物が増え、表参道の雰囲気は変容した。地価も高騰し、会社の独身寮はとうに売却されていた。通りを入った横道に多くあった個人住宅も企業に買い取られ、洒落たブティックや専門店、レストランに変わっていった。

二〇〇〇年前後からは、国内外のブランドショップが立ち並ぶようになり、ファッションショーまで開かれたりしている。同潤会アパートは老朽化のために取り壊され、安藤忠雄さん設計の表参道ヒルズが誕生した。二〇〇六年のことである。

このように表参道の沿道風景は変化したが、歩いて楽しい貴重な通りであることは変っていない。両側に広い歩道があり、車道との間にケヤキ並木が続いている。夏は暑さを和らげ、秋は紅葉して目を楽しませてくれる。戦前のケヤキは戦災で焼失し、戦後植え直されたものである。表参道ヒルズは高さを抑え、ケヤキ並木と調和するデザインを採用している。表参道ヒルズに関しては、ビル全体に看板がないことも景観上特筆される。

表参道の地形も通りの表情を豊かにしている要因である。起点となる青山通りから緩やかな下り坂になり、明治通りとの交差点が谷底となっている。標高差は一五メートルほどである。そこから上り坂になって、終点の原宿駅に到着する。明治神宮の入り口はすぐである。

学生を連れて表参道を散策し、明治神宮に詣でたことが何度かある。全長約一一〇〇メートルの表参道が明治神宮に至る参道であることを知らない学生もいた。一時はクリスマスから新年にかけてのイルミネーションが人気を呼び、交通渋滞や迷惑駐車などの問題を起こして取り止めになったことがあった。趣向を変えて和風の灯りを連ねたこともあった。現在も年末は工夫されたイルミネーションで夜の人気散策コースになっている。

二〇一三年一〇月下旬の日曜日、たまたま通りかかって、ハロウィンの仮装行列イベントに遭遇した。たいへんなにぎわいで、祝祭的空気に満ちていた。歩行者専用通りと化した表参道はクルマが走る日常風景とは違う魅力にあふれていた。表参道や銀座通りを恒久的な歩行者専用通りにすることができたらどんなに素晴らしいだろう。

コラム1

オン・ザ・ストリート

街が主役のドキュメンタリー映画を見た。「ビル・カニンガム＆ニューヨーク」（リチャード・プレス監督、2010年アメリカ）である。ビルはニューヨークの街角に立ち、ファッション、文化を50年以上撮り続けてきた。もう84歳（当時）だが、今もニューヨーク・タイムズの人気コラムである街角スナップのコーナーを担当している。

彼自身はファッションにはお構いなく、青い作業服を着て、自転車で走り回っている。社交欄のパーティ・ページも担当しているが、パーティにも作業服で駆けつける。彼は十分、著名な存在なのだが、いくつかの原則を固守している。

パーティ取材でも飲食はいっさいしない。仕事の前に食事してから臨んでいる。有名人や大女優だから撮るということはない。撮るかどうかはファッション次第である。パパラッチとは違い、節度を守り、透明人間のように静かに撮る。

街角の人々の自前のファッショントレンドを撮るのが基本である。無料で着飾った有名人には興味がない。それもただ無闇矢鱈に撮るのではなく、街へ出て自分の目で見て、ストリートが語りかけてくるのを待つ。

彼は長年、カーネギーホールの上階の小さなスタジオアパートに住んでいたが、そこは今まで撮影したネガフィルムが入ったキャビネットで埋め尽くされていて、キッチンもクローゼットもなかった。ベッドも簡易ベッドで、仕事以外には禁欲的で無関心なのだ。

こうして蓄積されたニューヨークのストリート・ライフ変遷の記録は、デザイナーなど専門家にはニューヨークのファッション・カルチャーの全貌をとらえたビジュアル・ヒストリーそのものと評価されている。ファッション誌編集長の女性は「私たちは毎朝、ビルのために着るのよ」ともいう。

ビルの仕事は文化人類学者の業績に匹敵するともいわれる。それもビルの気分を高揚させるニューヨークの都市としての魅力があってこそのものだろう。

2 広場と市役所は都市の心臓

1 シエナのカンポ広場
——広場のなかの広場

イタリア・トスカーナ地方、シエナのカンポ広場はすべての要素がよく計算された広場である。優れた庭園を名園と呼ぶのにならえば、世界屈指の名広場だろう。まずその形だが、方形でも円形でも卵形でもない。台形あるいは九分割されたくさび形というか、ゆったりと開いた扇のような形をしている。

マンジャの塔から広場を望む

上から見ると貝殻模様でもある。全体が扇の要に向かって斜面をなしており、この緩やかな斜面は人々が腰を下ろしてくつろぐのに都合がいい。扇の骨は排水路の役割をしており、排水路が集結する排水口の先に市庁舎・マンジャの塔がある。マンジャの塔に登って広場を眺めていると、塔の影が日時計の太い針のようにカンポ広場をゆっくり移動するのが分かる。

カンポ広場は閉鎖空間のなかにあり、広場に入るには一一本の細い道のいずれかを通り抜けなければならない。接近するにつれて広場は少しずつその姿を露わにしていく。道それぞれにバラエティがあり、広場全体に至るまでの期待感を高めるのである。

このように広場は建物群に囲まれているのだが、広場に入って周囲を見渡したときに感じられる各建物の構造的、景観的調和がまた素晴らしい。これは世界最古の景観条例といわれる一二九七年の通達によっている。この通達で周辺の建物の高さや屋根、窓、扉の形や素材が厳密に規制されたのだが、それは市庁舎との美的かつ構造的な均衡を保つためだった。

広場はさらに磨き上げられる。一三〇九～一〇年の都市条例には、都市統治の要点は美にあり、その主役のひとつが広場であると記されている。一三四六年頃にカンポ広場の石舗装が完成する。当時のシエナの年代記には、カンポ広場はイタリアで一番美しい広場という記述がある。広場はその当時からほとんど変わらず、保全されてきている。それは、ジョゼッペ・ゾッキの「カンポ広場」などの絵画でも証明される。

カンポ広場は市民のための公的空間であり、都市生活に欠かせない市場空間でもあったが、都市自治のセンターである市庁舎が主役の権力空間でもあった。役人の宣誓、評議員や兵士の招集、条例や判決の布告、法定決闘、処刑などが行われたという。ジョゼッペ・ゾッキの絵には、広場が祝祭空間と化したパリオの情景が描かれている。

扇形の広場を囲む周回路は、石のブロックで舗装され、行列や馬車の交通路に使われたが、ここに土を敷き詰めて競馬場にした地区対抗の競馬が有名なパリオである。毎年七月二日と八月一六日に開催されるパリオのとき、カンポ広場は群衆で埋まり、その外周を一〇組の騎手と馬が疾走、広場全体が熱狂の渦となる。数年前に訪れたときはすでに初秋で、その余韻は去っていたが、パリオ専門の映画館で興奮を追体験することができた。一度馬が決まると代馬は立てられず、騎手が落馬しても馬が一着でゴールインすれば優勝というルールが面白いと思った。

2　ヴェネツィアのサン・マルコ広場
――水上都市のアイデンティティ

初めてイタリアを訪れたのは、一九九四年七月だった。ミラノから入り、ヴェネツィア、パドヴァ、ラヴェンナ、フィレンツェ、サン・ジミニャーノ、シエナ、アッシジ、ローマ、ナポリ、ポンペイのバス旅行である。ヴェネツィアにはサンタ・ルチア駅近くで下車し、水上バスで向かった。波に揺られながら、歴史的な水上都市のパノラマに魅了された。

その日はホテルの近くで過ごした。夜になると周辺が異常に盛り上がっている。古風な木製の窓を開けると、通りや広場から歓声が飛び込んできた。それがある瞬間にピタリと止み、夜の静寂が広がった。ちょうどワールドカップの決勝戦があったのである。イタリアとブラジルが互いに譲らず、PK戦となって三対二でイタリアが敗れた。七月一七日の夜のことである。

鐘楼から広場を望む

翌日、朝の散歩をかねて、ホテルからサン・マルコ運河沿いにサン・マルコ広場まで歩いた。ゴンドラがまだ営業前でカバーをかけられ、何艘も繋留されている。サン・マルコ広場も人通りはなく、ゴミの収集・清掃の人や警官が歩いているだけだ。シエナのカンポ広場、ブリュッセルのグラン・プラスと並んで、世界の三大広場といわれるサン・マルコ広場の朝の表情はシンプルだった。方形の広場はよく見ると表面が波打っている。

昼間になるとサン・マルコ広場は実に多彩な表情をのぞかせる。観光客でにぎわい、土産品などのスタンドが立ち、日本よりやや小型の黒っぽいハトがエサを求めて群がっている。老舗のカフェ、クアードリはお客がいっぱいで、ライブ演奏が始まっている。白い制服のウエイターが大皿に料理やドリンク類を載せて歩き回っている。にぎやかで優雅。歴史の香りが立っている。

サン・マルコ広場はサン・マルコ寺院を背景にしている。広場には多種の機能があるが、歴史的にサン・マルコ広場はサン・マルコ寺院の内部の延長としての宗教的役割を与えられてきた。ほかのルネサンス期の広場のような彫刻や噴水はなく、シンプルな儀礼空間の性格がある。教会に入ることを許されない人々は広場からミサに参加した。広場は祭壇の一部だったのだ。冬の仮面舞踏会では広場はまた別の顔を見せる。

ヴェネツィアという都市の中でサン・マルコ広場は最高のポジションを与えられてきた。イタリア語の広場「ピアッツァ」はサン・マルコ広場にのみ冠されている。政治と宗教と文化の中心であり、都市の玄関であり、シンボルであり、都市の精神自体でもある。

高さ九六メートルの鐘楼から見下ろすと、広場の明確な境界線と空間領域が浮き彫りになる。広場を都市が、都市が広場を演出している関係性が見えてくる。ヴェネツィア再訪がまだ叶わない分だけ、あの日の情景が鮮明になる。

3 ミュンヘンの心臓
——マリエン広場

初めて外国へ行ったのは一九八一年一一月下旬だった。目的は大都市制度調査。パリに二日ほど滞在して同僚と別れ、ウィーンへ飛んだ。朝はなかなか明るくならず、午後四時過ぎには薄暗くなった。みぞれまじりで気分が滅入ったが、夜はオペラや映画を楽しんだ。

ウィーンから列車でザルツブルク経由ミュンヘンに入った。途中のローゼンハイム付近は大雪だったが、ミュンヘンには雪はなかった。調査先は主に市役所など行政機関だったが、市役所前のマリエン広場ではクリスマスの市の準備中だった。

そのときはまた、パリへ帰り、コペンハーゲンとストックホルムを調査した同僚と落ち合って帰国した。初めての外国調査都市だったので、ウィーンとミュンヘンには多少の思い入れが生じ、その後何度も訪れることになった。ウィーンに二度目の調査で行ったときは、一二月に入ってい

ミュンヘン市役所とマリエン広場

た。やはり列車でミュンヘンに向かったが、マリエン広場には巨大なクリスマスツリーとにぎやかなクリスマスの市が立っていた。普通の店は六時までだが、クリスマスの市は毎晩七時くらいまで開いている。クリスマスの飾りやお菓子、食品類が並んでいる。一二月七日から二三日までと決まっているようだ。近くの聖母教会前のフラウエン広場にも市が立つ。

ミュンヘンを訪れると、マリエン広場が特別な存在であることがすぐに分かる。市役所前の広場や市場広場が都市の中心部、シンボル的空間であることは、ヨーロッパ都市ではごく普通だが、マリエン広場は傑出している。

マリエン広場も昔は市場広場だった。広場に面したミュンヘン最古の教会、ペーター教会の名をとって、ペーター広場と呼ばれていた。近郊の農村の農婦が野菜や卵を並べている絵が本に載っている。金曜と土曜には穀物市場も開かれていた。

市場が専門施設へ移り、都市成長過程でマリエン広場は、祝祭空間の性格を強めたように思われる。夏に訪れたとき、広場は老若男女であふれていた。そこかしこで音楽学校の学生や辻音楽師や手品師が芸を披露している。日陰に腰を下ろしている大人や、アイスクリームを食べている若者や、噴水で遊んでいる子供がいる。

ヨーロッパでも最大規模に属するゴシック様式のミュンヘン市役所の一階部分には、お店やレストラン、カフェ、旅行会社などが入っている。ペーター教会が精神生活に関わるのに対し、市役所は行政のみならず、各種祝賀行事や授賞式、舞踏会、演劇なども催される世俗生活のセンターだ。地下には大規模なレストラン、ラーツケラーがある。

マリエン広場にいるのは、有名な仕掛時計を見に来る観光客だけではない。一般市民も全体の八割が一ヶ月に一度は訪れるといわれる。広場は合計六本の道路に連絡しているが、目抜き通りのカウフィンゲル通りからの人の流れが絶えない。一九七二年のミュンヘンオリンピックのときに地下鉄が開通し、歩行者専用道路になったのだ。

ミュンヘンで特筆すべきことは、第二次大戦時の空襲で壊滅的な被害を受けたにもかかわらず、市長を先頭に以前と同じ姿を復元したことだ。市役所は全壊に近い惨状で、マリエン広場も廃墟と化した。広場は周囲の建物や自然に囲まれていてこその広場である。ミュンヘンの美しい都市空間と市民生活再生の芯となったのが、マリエン広場だったのだ。

4 ブルージュのマルクト広場
——黄金期の残照漂う広場

ブルージュには思い入れがあった。中世はヨーロッパ屈指の商業都市として栄え、その後歴史の淵に沈んだ。北海から十数キロ離れたブルージュが、貿易の中心地となり、ハンザ同盟の中核都市となったのは、水路と入江の整備によっていた。一五世紀にその水路に流砂が堆積し、航行不能となり、港湾都市の生命を断たれてしまった。商業機能と繁栄はアントワープに移り、ブルージュに戻ることはなかった。

一八九二年にジョルジュ・ローデンバックが書いた小説「死の都ブリュージュ」によって、ブルージュはよみがえるが、それは「運河の水と、死んだような街路の押し黙った空気」が支配する陰鬱な歴史都市としてのブルージュだった。主人公ユーグの中では、亡き妻と死んだ都市ブルージュとが一体化していたのである。

ブルージュにはベストセラーになった「死の都ブリュージュ」のイメージがついて回ったが、それは逆にブルージュの再評価を促すことにもなった。二〇世紀になって、忘れ去られていたブルージュは、中世都市の原型が保全された都市として脚光を浴びるのである。

ブルージュは周囲七キロほどの濠に囲まれている。その中に、聖母教会、救世主大聖堂、ペギン会修道院、グルー

開放的なマルクト広場

ニング美術館、州庁舎、市庁舎などがあるが、ブルージュを象徴するのはマルクト広場である。マルクト広場は四方を華麗な州庁舎や高さ八八メートルの鐘楼などの歴史的建造物に囲まれた美しい広場である。

鐘楼からは一五分おきにカリヨン（組み鐘）の典雅な音が流れ、人々が行き交い、くつろぎ、観光馬車が客待ちをしている。駐輪場もあり、サイクリストが一休みしている。州や市やギルドの旗が風になびいている。鐘楼の対面にはさまざまな意匠のファサードをもった建物が並び、その一階部分はレストランである。客席が広場に伸びており、広場で食事をしている気分になる。

この広場に面した州庁舎の北側にブルグ広場と市庁舎がある。ブルグ広場でもマルクト広場と同様に水曜日に青空市場が立ち、市民的広場となっているが、歴史的には儀礼空間の性格が強い。広さもはるかに大きいマルクト広場は文字通り、ブルージュを代表する広場である。

しかし、このマルクト広場の中央部分は以前、駐車場だったのである。一九八二年発行の観光案内書掲載の空中写真を見ると、広場のほとんどが駐車場と車道で占められていたことが分かる。こうした事例はヨーロッパ都市では珍しくなかった。広場が本来の市民的機能を取り戻すには、行き過ぎたモータリゼーションへの反省と市民運動が必要だった。

ブルージュはオランダに近く、現地ではフラマン語でブルッへと呼ばれている。ブルージュはワロン語である。同じくゲントはヘント、アントワープはアントウェルペンとなる。多言語多文化国家ベルギーならではである。

5　アントワープの市役所前広場
——旗がひるがえる祝祭空間

ベルギーのアントワープを訪れたら、ノートルダム大聖堂とアントワープ市役所、ルーベンス・ハウスが定番のコースだろう。あるいは世界最古の動物園のひとつである一八八五年開園のアントワープ動物園や、ベルギーを代表する画家ジェームズ・アンソールの作品を多数収蔵する王立美術館も入るかも知れない。

アントワープ市役所とその前の広場は荘厳というより、華麗で祝祭的である。窓という窓に赤や青や緑の大きな旗がひるがえっていることが、視覚的にそうした印象を与える。かつ広場の中央には大きなブラボー像がある。市の生

人が絶えない市役所前広場

誕伝説を形象化した像である。

その昔、市内を流れるシュヘルド川の通行料を払わない船人たちの手を切り取ったという巨人アンティゴンを古代ローマ軍の百人隊長シルビウス・ブラボーが退治し、その手を切り落とし、シュヘルド川へ投げ入れた。手（ant）を投げた（werpen）という表現がアントワープ（オランダ語でアントウェルペン）の由来になったという伝説である。

この像と旗がひるがえっている市役所をバックに写真を撮る人が絶えない。写真家とモデルが場所を替えながら何度も撮影しているのも目にした。巨人アンティゴンの手首からは噴水が出ていて、水の帯が夏の午後の光を浴びてきらめいていた。

国内最大級のルネッサンス様式の壮麗なこの市役所は一五六一年から一五六五年にかけて建設された歴史的建造物で、ガイドつきの見学ができる。ブルージュのマルクト広場で触れたように、北海と連絡する水路の喪失でブルージュが衰退した後、繁栄はアントワープに移り、経済と文化の中心都市となった。

ブルージュ市役所は博物館にもなっているが、アントワープ市役所の議場も素晴らしい。市役所が都市を代表する建造物で市民の誇りとなっているのは、欧米都市では普通のことだが、アントワープ市役所のように多数の多彩な旗で彩られているのは珍しい。ウィーン市役所などはウィーン市旗が飾られているだけである。ほかの多くの市役所もその類である。アントワープ市役所には独自の理由や背景があるのに違いない。

アントワープ市役所のある場所名は、グローテ・マルクト（市場広場）で、もともと市場があったところだった。そこに市役所が建設されたために、市場の屋台を失った商人たちが商いの場を要求した。その結果、認められた店舗に当たる四五枚の扉が市役所右側一階に保存されている。この歴史事情が旗と関係しているかは不明である。

アントワープの繁栄をもたらしたシュヘルド川に出る。広大な河川港は現在も世界有数の港として機能している。ヨーロッパ最大級のコンビナートも形成されている。そこから市内を望むと一二三メートルあるノートルダム大聖堂の尖塔がひときわ高くそびえている。市内には市役所ほどではないが、複数の旗がひるがえっている建物が少なくなかった。よく見るホテルの万国旗とは違った独特の風趣がある。

6　ウィーン市役所
――求心性とホスピタリティ

ウィーンで必ず訪れる場所のひとつにウィーン市役所前広場がある。夏に行くことが多いが、家族で訪れた一九九一年八月は、モーツァルト没後二〇〇年の記念行事で、広場に花びらを敷き詰めて、モーツァルト作曲の譜面などの模様を描き、中央にはモーツァルトの像が立っていた。夜は毎晩八時半から、市役所正面の大きなスクリーンでモーツァルト・フィルム・フェスティバルが催されていた。ビールやワイン、ソーセージなど飲食を供する屋台も並び、大勢の人たちでにぎわっていた。

市役所内部でもさまざまな市民的行事が執り行われる。一九九六年夏には二階の広いホールで世界チェス大会が開かれた。大会の前日に市職員に案内されたとき、テーブルにチェス盤と計測用の時計が延々と並んだ会場を見たのを思い出す。一階の回廊ギャラリーでは「風とともに去りぬ」「第三の男」など、往年の名画のポスター展が開催中だった。市役所で結婚式を挙げるカップルも多いし、宮殿のように華麗なフェスティバルホールでは毎年、市長が金婚式を迎えた夫婦を招待して、祝宴が催されている。

にぎやかな市役所前広場

二〇〇〇年九月は市役所前広場に公式のテニスコートが造られ、レディズ・オープン・ウィーン二〇〇〇が開催された。九月一〇日から一五日までの日程で、初日にはプロのエキシビジョンマッチがあるというので、さっそくチケットを頼み、観戦した。試合はエレナ・ドキッチとオーストリアのバーバラ・シェットだった。三方に観客席、照明施設も設置された本格的なテニスコートである。市役所前広場がいかに広大か分かるが、それよりも市役所前に仮設とはいえ本格的なテニスコートまで造ってしまうアイデアに驚いた。

その後は毎夏、市役所正面に一九九一年よりはるかに巨大なスクリーンを設置し、沢山のイスと観覧席を配したフィルム・フェスティバルが恒例となっている。これはオペラやコンサートのない夏場に訪れる観光客へのサービスである。二〇〇八年は七月一二日から九月一四日まで毎晩八時一〇分から、オペラやコンサート、オペレッタ、バレー、ジャズ、アニメーションなど名作、名演含め、一流の作品が上映される。

そのときは演目を選び、チャイコフスキー「白鳥の湖」をじっくり鑑賞した。パリ国立オペラ座二〇〇六年の舞台で、指揮はヴェロ・パーンだった。最終日の九月一四日で終了は夜半の一〇時四〇分。寒さが身に沁みたが、巨大スクリーンで名作の細部まで堪能できた。市役所前広場に大きなスケジュール表が

市役所前広場で公式テニスマッチ

あり、ホテルや空港に置いてあるDie Presseというフリーの観光情報誌にも掲載されている。ウィーンらしいホスピタリティが感じられるイベントだ。

7 ダブリン市役所
――市民の誇りと歴史

二〇一一年八月にダブリンを訪れた。高い建築物は規制され、スカイラインがすっきりして好感がもてる街並みだった。もちろん電線や屋外広告物はない。といって地味ではなく、色彩が豊かで建物の窓や歩道には花々が飾られ、建物やドアの色も多彩だった。

市内を流れるリフィ川の川面には両岸の端正な街並みが鮮やかに映じている。川辺に遊歩道があり、散歩したり、ベンチに座っている人たちがたくさんいる。

四五〇万のアイルランドの一〇五万の首都。小国の首都ではあるが、かつては大英帝国ナンバー2だった大都市の風格もある。名門大学トリニティー・カレッジやダブリン城、聖パトリック大聖堂など見どころは多いが、まず敬意を表して市役所に足を運ぶ。

ダブリン市役所は一七六九年から一〇年をかけて建設されたジョージア様式の優雅な建物であ

る。道路から石段を上がり、ドアを開けると、コリント式の優美な支柱と回廊に囲まれた円形のエントランスホールに入る。アイルランドの「解放者」ダニエル・オコンネルの立像もある。床には市の紋章と言辞のモザイク、大きな円天井には美しい円形のステンドグラスがはめ込まれている。市役所が市民の誇りとなっていることが実感された。

もっとも、この建物は最初から市役所だったのではない。当初はギルド商人たちが王立証券取引所として建てたものだった。豪華な建物の建設費の大部分は、宝くじの収益金から拠出されている。この建物が市に買収され、改築されて市政の拠点となったのは一八五二年である。その後、一九一九年の独立宣言とイギリスとの戦争、一九四九年のアイルランド共和国の誕生まで市役所は臨時政府の仮本部になるなど、重要な役割を果たした。

現在、主要行政部門はほかに移っているが、市議会はここで開かれている。市長が市議会の議長を務める制度である。折よく、「首都の歴史」展の開催中だった。四ユーロを払ってのぞく。見やすいパネルと解説、写真、映像資料も多く、充実した展示だった。

クラシックなダブリン市役所

8 アオーレ長岡
――市民に愛される市役所とは

シアター、アリーナ、市民交流ホールなどと市役所が一体となったアオーレ長岡には驚いた。晩秋の寒い雨の日曜午前にもかかわらず、イベント開催中で入口の広場にはテントが張られ、売店や各種ブースは人でいっぱいだった。屋根があるナカドマでは三〇〇インチの大型ビジョンを使った情報発信やライブが行われており、市民交流ホールCでは、アオーレ長岡能公演プレイベントの「岩崎久人能面展」を開催していた。能面が演目によって多彩なことを再認識した。龍女や猩々の面を見たのは初めてである。

アリーナや市役所総合窓口、議場、市民交流ホールAなど三つの建物に囲まれたナカドマ（屋根つき広場）がこの複合施設の核で、雪国の風土と文化をよく体現している。屋根つきなので天候を気にせず、さまざまな活動ができる自由空間となっている。移動販売車や屋台などの出店も自由で、ミニライブ、展示会、結婚式もできる「ハレの場」ともなる。回遊テラスやオープンテラス、JR長岡駅に通じる大手スカイデッキもある。

このような市役所と市民都市施設を一体化した例はこれまでなく、全国的な注目を浴びている。

気になったのは、こうした発想がどのようにして生まれ、どのような政治的リーダーシップで実現したかである。

アオーレ長岡がオープンしたのは、二〇一二年四月一日だが、翌年発行された『アオーレで、会おうれ―長岡市の挑戦―』などによると、平成の大合併と中越大地震が関係しているようだ。旧本庁舎の耐震性の強化と合併による執務スペース不足への対応に加えて、中心部に都市機能を集約するコンパクトシティの実現、中心市街地の活性化、交通弱者対策などを一挙にクリアする方策として構想された。リーダーシップをとったのは、森民夫市長である。

森市長は市民がハレの場としてさまざまなイベントを行う場と市役所を一体的に配置することによって、市民に愛される市役所を実現したかったという。そこにはヨーロッパの市役所や広場のイメージがあったことは疑いない。このコンセプトを練り、具体化するために二〇〇七年、新しい市役所検討市民委員会が設置され、「市民により便利な市役所」「市民に開かれた交流拠点」「次世代に誇れる市役所」の三原則が確認された。そして翌年に「新しい市役所

アオーレ長岡のナカドマ

プラン」が策定される。

コンペで当選したのは隈研吾建築都市設計事務所だった。彼は議場の一階配置提案をはじめ、ナカドマの設計、地元の木材を利用した巨大空間の優しい雰囲気づくりなど、アオーレ長岡に命を吹き込んでいる。

初めて訪れた人はその威容に驚くかも知れない。しかし、次の瞬間には都市の祝祭性と市役所のあり方について、改めて考え直すだろう。

9　リスボンの広場を歩く

ポルトガルの都市をめぐって感じたことのひとつに広場が多いことがあった。有名な広場のほかに、地区の教会や役所などの前や通りの交差点などにも大小様々の広場があった。とくにリスボンは広場の町といってもいいくらい広場が多かった。代表的な広場としては、コメルシオ広場、ロシオ広場、フィゲイラ広場の三大広場がある。リベルダーデ通りの両端にあるレスタウラドーレス広場とポンバル侯爵広場、ジェロニモス修道院の向かいにあるインペリオ広場、カモンイス広場、ラト広場、エスパーニャ広場なども有名である。三大広場をスケッチしてみよう。

コメルシオ広場

リスボンの海の玄関口と称され、リスボン最大の広場、ポルトガルが世界に誇る広場である。リスボン大地震の前にはマヌエル一世の宮殿があり、宮殿広場といわれた。大地震の後、宮殿は建設されなかった。一辺が一〇〇メートルほどの正方形で三方は政府機関、官公庁、郵便局などが入ったデザインもスタイルも統一された回廊式の建物である。南側が船舶の行き交う広大なテージョ川に面している。広場の中央には、テージョ川を向いたジョゼ一世のブロンズ製騎馬像がある。一七七四年の鋳造で高さ一四メートル、一七五五年リスボン大地震からの復興を象徴している。

この広場の北側中央にはリスボンの銀座通りであるアウグスタ通りにつながる壮麗、壮大な凱旋門がある。凱旋門のアーチの上には、栄光、才能、価値を擬人化した三体の女神像が並び、その下にはポルトガルの栄光に寄与したヴァスコ・ダ・ガマなど四人の偉人像がある。広場に向いた

リスボン最大のコメルシオ広場

この凱旋門は、大地震直後の一七五五年に建設が始まり、一八七三年に完成している。ひじょうによく設計され、演出された広場であることが分かる。当時は外国籍の軍艦や一般旅客船が広場の近くに停泊し、広場には馬車、タクシー乗り場があった。都市リスボンの歴史性、記念性が際立った広場である。

ロシオ広場

リスボンの心臓といわれる広場である。正式名はドン・ペドロ四世広場。ロシオはポルトガル語で公共の広場という意味だ。長方形だが、北側は湾曲しており、その向かいにドナ・マリア二世国立劇場がある。室内装飾が素晴らしく、演劇、オペラ、バレエなどが上演されている。広場の東側の通りはアウグスタ通りである。ここには鉄道、地下鉄、バスの駅があり、交通の結節点ともなっている。観光バスの終着点でもある。

リスボンの心臓、ロシオ広場

広場の中央には、初代ブラジル国王となったドン・ペドロ四世の記念碑がある。高さ二七メートル余で先端に国王の立像があり、記念碑としてはリスボン有数の高さである。完成は一八七〇年。円柱の下部にはポルトガルの主な都市を表わす一六の盾がある。記念碑の両サイドには、パリのコンコルド広場を模したバロック式の噴水がある。広場の周囲にはカフェやレストラン、旅行社、土産物屋などが並び、人通りが多く、祝祭的気分にあふれている。デザイン、ロケーション、機能がよく計画された広場である。

フィゲイラ広場

ロシオ広場の東側にある正方形の広場で、中央に一〇メートルくらいの高さのドン・ジョアン一世の騎馬像がある。かつてここには一八三三年に建設されたリスボン中央市場があったが、交通混雑のため、一九四九年に取り壊されている。解体に四年もかかっている。しばらく、駐車場にされていた時代もあり、広場の入り口にその写真がある。移転された中央市場は現在、国鉄カイス・ド・ソドレ駅の向かいにあるリベイラ市場である。リベイラ市場の二階には、レストランがあり、ランチ時には本格的な料理をバイキング式で楽しむことができる。

泊ったホテルがちょうどこの広場に面しており、広場に

駐車場時代のフィゲイラ広場

沿った通りからバスや市電が発着するのをよく目にした。この広場はコメルシオ広場やロシオ広場のような祝祭性は少ないが、人通りは多く、若者の気さくな居場所となっており、都市生活に求心性を与えている。それぞれの時代の軍事的拠点となったサン・ジョルジェ城もホテルから望めたが、そこに行くバスもこの広場から発車している。

かつて広場には多種の機能があり、専制君主の威光や権力を誇示する舞台になったこともあるが、今日では都市生活に不可欠なインフラとして定着し、市民の憩いの場となっている。リスボンでは広場のない都市はあり得ないことを痛感した。

3 二〇一三年ドイツ都市

1 〝環境首都〟フライブルクの今

〝環境首都〟フライブルク

ドイツ、バーデン・ヴュルテンブルク州のフライブルク（人口約二三万）は、世界で最も先進的な環境政策で知られている。ドイツの〝環境首都〟となったのは、一九九二年である。フライブルクはシュバルツヴァルト（黒い森）の南西部に位置し、自然に恵まれた地域だったが、一九六〇年代後半から工業化による酸性雨や樹木の枯死で危機感を深めた。

一九七〇年代初頭のヴィール原発建設反対運動も加わり、緑の党の政治指導もあって、環境保護が体系的な地域・都市政策として展開されるようになった。八〇年代にはゴミの分別やリサイクルで他都市のモデルとなった。

九〇年代初頭から実施されている市民の公共交通利用を促進した〝レジオカルテ〟(地域定期券)も有名だ。個人の通勤通学用の定期券が週末には大人二人子供四人まで利用できる。これによって地域の九六路線、二九〇〇キロもの公共交通が乗り放題となり、公共交通利用が倍増している。赤字分はフライブルク市営交通社が税金から負担する仕組みである。

自転車利用者を増やすための自転車道の大幅な整備や、すべての公的なイベントで使い捨てではない食器を使用していることなども、〝環境首都〟の横顔である。最近は太陽エネルギーの徹底した利用で注目されている。サッカースタジアムなどの大型公共施設のみならず、個人住宅も企業も積極的にソーラーパネルを設置している。以下、街を歩いて目についた環境政策、都市政策を紹介しよう。

旅行者に路面電車・バスのフリーパス

ハイデルベルクからカールスルーエで乗り換え、フライブルクに到着。駅前のインターシティホテルにチェックインすると、ルームキーといっしょにフライブルグ交通KKのフリーパスを渡された。チェックインした日からチェックアウトの日まで、路面電車とバス全路線に自由に乗れる。もちろん環境に負荷を与えない交通機関の利用促進政策の一環である。

フロントで聞くとドイツ全土約五〇のインターシティホテルで、同じサービスをしているという。事実、最後に訪問したフランクフルトのインターシティホテルでも同様のカードをもらい、路面電車で移動できた。これはホテルが負担しているサービスである。少なくともフライブルクでは、知合いが宿泊した別のホテルでも同じサービスをしていたから、特定のホテルだけでなく、多くのホテルが環境政策に協力しているようだ。

都心はトランジットモール

フライブルクの路面電車は低床式のバリアフリー型ではないが、四路線あり、運行頻度も高く、市民の足として不満はない。面白いと思ったのは、ほとんどの路面電車の車体には広告がプリントされているが、ひとつとして同じものはなく、洗練された絵柄だったことだ。

さらに、広範な都心が、一九七三年から歩行者、自転車、路面電車のみのトランジットモールとされていることも特筆される。クルマやバイクを気にせず、みんなゆったりと通りの真ん中を歩いている。旧市街地のうち四二万平方キロがトランジットモールとなっており、その面積規模はド

安心して歩ける都心

イツ有数である。

同時に前述のように自転車の利用を奨励しており、都心の道路には駐輪場がたくさん設けられている。それも窮屈で雑然としたものではなく、大きな鉄の駐輪施設がゆったりした間隔で設置されており、チェーンなどで両側から自転車を停めても空間のゆとりが大きく、出し入れに不自由がない。

ヨーロッパ諸国では、九〇年代から歩行者優先、公共交通と自転車の利用促進が潮流となっており、車道を削減して一方通行にするなど歩道を拡幅し、バス・自転車専用レーンを設けている。フライブルクでも路面電車などの公共交通と自転車道の拡大によって、一九七六年には市民の移動手段の四〇%だった自転車・公共交通が一九九八年には七七%に増えている。

郊外からのマイカー利用者は街外れの無料の駐車場に車を止め、路面電車に乗り換えて都心の職場に通勤する。このパーク・アンド・ライドも一般的となっているが、もちろんフライブルクでもこの方式が定着している。こうして都心の環境保全と安全が保たれている。

グリーン・シティのホットスポット

フライブルクの旧市街の道路にはベヒレ（Bächle）と呼ばれる清流が縦横に流れている。シュバルツヴァルトからの冷たい清流である。まるで日本の海野宿や郡上八幡に見られるような懐かしい風景である。日本と違うのは、石畳の道の片側に細く造られた水路で子供たちが水遊びをし、小さな船を流して遊んでいることだった。

やはり水路が走る市役所通りを進み、インフォーメーションのある旧市庁舎に入ると、〝グリーン・シティ、フライブルク〟のホットスポット（二二ヶ所）を紹介したパンフレットがあった。一ユーロでそれを買い、いくつかのホットスポットの探索を試みた。

最初は市庁舎屋根のソーラーパネルである。古い建造物の構造を考えながら、陽が射す方向にパネルが設置されており、地上には発電量データの電光掲示板がある。次はフライブルク中央駅に近い円形の駐輪場だ。レンタサイクルの貸し出しもしている施設である。この広い水平の屋上にもソーラーパネルが設置されている。

フライブルクでは公共施設だけでなく、民間企業も環境政策に協力的であることが特筆されるが、ベストウエスティン・プレミール・ホテル・ビクトリアもそうだった。入口に電光掲示板があるので、屋上にソーラーパネルなどがあることが想像できる。フロントに依頼して屋上に上がり、観察する。屋上のかなりの部分をソーラーパネルが占めていた。

壁面$\frac{1}{3}$がソーラーパネル

駅に隣接した企業の高層ビルは、陽が射す方向の壁面のほぼ三分の一に上から下までパネルが設置されている。やはり地上の入り口に電光掲示板がある。このほか各種大型施設や、高層集合住宅、戸建住宅開発地域、路面電車停車場の屋根などにソーラーパネルが設置されている。

それらの施設の多くは、ホームページで紹介するとともにガイドツアーが用意されており、ネットで申し込むことができる。〝グリーン・シティ、フライブルク〟には公開、非公開、ガイドツアーの可否などの情報が掲載されている。市内はソーラーパネルが主体だが、郊外には風力発電の施設が多い。電車でフライブルクに入るとき、離れるときに風を受けて回っている風力プラントがしばしば目に飛び込んできた。

美しい街、フライブルク

市庁舎広場は噴水を囲んでカフェテリアが広がり、人々がくつろいでいる。そこからほど近い大聖堂広場には朝市が立ち、昼過ぎまでにぎわっている。食品だけでなく、工芸品などさまざまな物産が売られている。祭壇、ステンドグラス、彫刻、絵画など中世美術の宝庫といわれる教会内部を拝観した後、一一六メートル（標高一九六メートル）、二〇七段の螺旋階段を上り、旧市街と黒い森を一望する。

旧市街は建物のデザインや色彩に調和があり、景観的に素晴らしい。しかしここもほかのドイツ都市同様に空襲を受けて復興したのである。フライブルクが空襲に見舞われたのは、一九四四年一一月二七日の夕方で、二〇分ほどで市の大部分が破壊され、二〇〇〇人以上の市民が犠牲になった。ドイツ都市の戦後復興はいくつかのパターンに分かれるが、フライブルクの場合は歴史的な旧市街の保全復元に相当の努力を払ったことが見てとれる。

一九六〇年代、七〇年代の環境汚染、酸性雨は市内の建造物自体をも破損、汚染する要因になった。フライブルクの先進的な環境政策は、美しい都市を守ることと連動していることが知られる。

2　文化芸術都市ドレスデンの今

ドレスデンはなぜ爆撃されたのか

ドレスデンはドイツ、ザクセン州の州都で人口五二万余（二〇一二年）の大都市である。歴史的に〝エルベのフィレンツェ〟と讃えられた文化と芸術の都だった。水陸交通の要衝として繁栄し、ヨーロッパ音楽の中心地のひとつでもあった。バッハ、モーツァルト、ベートーベン、ワーグナーが活躍した。壮麗なオペラ座ゼンパー・オペラは新古典主義建築の代表作で、ワーグナーはそこで世界最古の交響楽団の楽団長を五年務めている。

ドレスデン美術館にはラファエロなどヨーロッパを代表する画家の作品が展示され、マイセンの陶磁器を展示する特別の部屋もあった。アウグスト一世が建立したバロック様式のツヴィンガー宮殿はドレスデンを代表する建築だった。このような文化と芸術の都、ドレスデンはドレスデン市民のみならず、ドイツ国民の誇りでもあった。

無防備都市宣言もしていた文化芸術都市ドレスデンが第二次大戦の末期になぜ廃墟になるほどの空爆を受けたのか。一九四五年初頭、連合国はソ連軍の進攻をサポートするために、ベルリン、ドレスデン、ライプチヒなどのドイツ東部都市を気象条件が整い次第、空爆する計画を立てていた。ドレスデンへの二月一三日と一四日の空爆は言語を絶するものだった。英米軍爆撃機千三百機以上が三波にわたって合計四千トンもの爆弾・焼夷弾をドレスデン市街に投下したのである。

多くの市民が犠牲になり、歴史的建造物が瓦礫の山になった。無防備都市宣言をしていたため、空襲には無警戒で高射砲なども備えていなかった。正確な犠牲者数は明らかではない。当時、市

よみがえったドレスデン旧市街

街と郊外には六四万余の住民がいたが、さらに二〇万以上の難民・戦傷者がいたからである。

英米軍の目的は、ドイツの戦意をくじき、後方撹乱と交通遮断で、ソ連軍を助けて戦争終結を早めることとされた。しかし、それが果たして必要不可欠だったかについては、イギリス国内からも批判が起こった。ドイツ軍の抵抗力はすでに失われ、空爆はすでに戦争の帰結とは無関係と見られていた。芸術文化都市ドレスデンの存在はヨーロッパに広く知れ渡っていたのである。

再建された旧市街

戦後、旧東ドイツの政治事情でドレスデンの復興は遅れた。ゼンパー・オペラがようやく再建された一九八五年にドレスデン市は、ドレスデン城再建の後にシンボルの聖母教会の建て直しを決定した。ずっと廃墟のままで、崩落の恐れがあるため立ち入り禁止とされていたのである。

ドレスデン市民のみならず、国際的な支援によって、再建の気運が高まり、一九九四年に着工、一五万個の破片を活かし、二〇〇五年に完成した。コンピューターを使って破片の位置を探って行く過程は、〝ヨーロッパ最大のジグゾーパズル〟と喩えられた。再建費用は二百五十億円にも達したが、一部は空爆したイギリスからも寄せられた。落成の式典には当時のシュレーダー首相やエリザベス女王、アメリカ政府関係者も出席し、教会再建は連合国とドイツの和解の象徴ともいわれた。

このような再建過程を経た旧市街を歩いた。エルベ河畔の芸術文化都市ドレスデンは完全によみがえっているように思われた。ゼンパー・オペラを見学し、聖母教会に入り、荘厳な祭壇やステンドグラスを見て、階段を上り、展望台に立った。復元された街並みが広がっている。ここまで復元するのにどれほどの時間と努力と情熱と費用が注がれたことだろう。

回遊式のユニークなツヴィンガー宮殿もザクセン公国の文化と栄光を取り戻している。宮殿内にあるアルテ・マイスター絵画館には、ラファエロ「システィーナのマドンナ」やジョルジョーネ「まどろみのヴィーナス」、フェルメール「手紙を読む少女」「遣《や》り手婆」などの名作が展示されている。敗戦で永久に失われたかと思われたこれらの貴重な絵画が一九五〇年代にソ連から返還された経緯もドラマティックである。

ゲーテが「ヨーロッパのバルコニー」とたとえたブリュールのテラスからは、遠くまでエルベ川が見渡せ、一日中にぎわっている。レストランが並び、アコーディオンやバイオリンの音色も絶えない。パンに焼きソーセージをはさんだ名物を食べている人も多い。これらの旧市街一帯はまさに祝祭的空間である。歴史的建造物の間をバリアフリーの路面電車が走り、のんびりした観

再建された聖母教会

光馬車と好対照をなしている。夜はライトアップされ、エルベ川の橋から望む旧市街の夜景が素晴らしい。

世界遺産はなぜ取り消されたのか

ドレスデンのエルベ川流域が世界遺産に登録されたのは、二〇〇四年である。流域と一体となって保全された歴史的建造物や産業遺産などの文化的景観が評価されたもので、ドレスデンを中心としたエルベ川流域一八キロメートルが対象だった。しかし、ほどなく交通渋滞緩和のために新しい橋の建設が持ち上がり、ユネスコは警告を発する。橋の建設は景観を損なうと判断したためである。

橋の建設計画は一九世紀からあったが、戦争や財政難で延期になっていたものである。一九九四年に市議会は建設を決定したが、その後の政治事情で引き延ばされていた。二〇〇五年の住民投票で建設（賛成六八％）が決まると、ユネスコの世界遺産委員会は再検討を求め、翌二〇〇六年に危機遺産リストに指定した。

それでも着工されたため、世界遺産委員会は二〇〇九年に世界で二例目になる登録抹消を決定したのである。ドレスデンを訪れたとき、その新しい橋、ワルトシュレスヘン橋は完成し、供用開始を待つばかりだった。ブリュールのテラスから橋を望んだが、かなり上流なのでよく観察できない。聖母教会広場の一角にもその問題がパネルで展示されていた。橋を建設することの問題を何枚かの写真で説明していた。

タクシーに乗り、現場に行ってみた。エルベ川に架かる橋としては最長の六三五メートル、コンクリートと鉄の現代的な四車線の橋である。旧市街の素朴な橋とはスケールを異にしている。エルベ川の右岸からワルトシュレスヘン橋、そして下流の旧市街を望むと、河川と一体になった景観が広がっている。ユネスコの世界遺産委員会がなぜ警告を発したかが納得された。

エルベ川左岸の住宅開発が進んでいることも一目瞭然だった。交通量が増大し、新橋建設は市民生活上、不可欠となっていたのである。トンネルにする案も検討されたが、財政面のネックがあったといわれる。デザインや建築技法で対応できなかったのかとも思われたが、当然さまざまな検討をした結果であろう。

帰国して間もない八月二六日からワルトシュレスヘン橋は供用開始となった。二四、二五日にはテープカットなどの開通式典が行われ、ネットで見るとたいへんなにぎわいだ。楽団が演奏し、大勢の市民がお祭り騒ぎだった。女性のオロス市長も笑顔でインタビューに応え、「橋の建設後もエルベ渓谷は世界遺産にふさわしい」と語っていた。

ドレスデンの旧市街のみが世界遺産の対象だったら問題はなかっただろう。流域一八キロメートルが対象だったことが大きく影響したのである。都市圏が膨張するとともに、エルベ川流域を囲む環境が変容し、静態的保全は難しくなる。よくいわれる〝景観より市民生活〟といった単純な図式でないことは理解される。

他方で、報道によると、ドレスデンでは政府の補助金（約八億円）が出なくなったため、歴史的建造物の補修工事に大幅な遅れが出ている。そのため、市民からの寄付で建物の補修を進めていくとしている。伝統ある歴史文化都市を再生したドレスデンの新たな課題といえる

3　ハイデルベルクを歩く

ハウプト通り――ドイツ最長の歩行者専用通り

ハイデルベルクのハウプト通りはドイツ最長の歩行者専用通りといわれる。ビスマルク広場から商店街、大学広場、聖霊教会、市庁舎を過ぎてカールス門まで続いている。ゆっくり歩けば小一時間は楽しめる距離だ。通りの左を平行して流れるネッカー川の岸辺に出たり、戻ったりすることもできる。そうすれば小半日も楽しめる。

通りに沿った建物は高さがそろい、赤い屋根で統一されており、素晴らしい都市景観だ。ハイデルベルク城や山の上から見下ろすと、その素晴らしいパノラマを一望できる。ハイデルベルク

の都市景観は写真や映像で承知していたが、これほど広範にかつ完全な姿で保全されているとは思わなかった。

その理由は、中規模以上のドイツ都市としては珍しく、ハイデルベルクが戦災を受けていないためである。簡単な紹介本では、市民の果敢な交渉により、無傷でアメリカ軍に明け渡され、戦後はアメリカ軍の最高司令部が置かれたという。少し詳しく調べると、小規模な空襲は受けたようだ。ドイツ国防軍が退却する際に、ネッカー川に架かる中心的な橋のカール・テオドール橋（アルテ・ブリュッケ）を破壊もしている。しかし、アメリカ軍は大きな抵抗もなく、ハイデルベルクを占領した。

戦争被害が軽微だったハイデルベルクは多くの難民や同胞を受け入れた。こうした経緯から現在もハイデルベルクにはNATOの中欧連合部隊本部やアメリカ陸軍第七本部が置かれ、数千人の軍関係者やその家族が住んでいる。

ベルリンやミュンヘン、フランクフルト、ケルン、ドレスデン、フライブルク、ライプチヒなど戦災を受けた諸都市と比較すれば、ハイデルベルクは別天地である。しかし、ハイデルベルク

歩行者専用のハウプト通り

もまったく無傷だったわけではない。一七世紀にはフランス軍によって、二度も破壊されている。とくに一六九三年のルイ一四世の軍隊は要塞施設をすべて破壊すると同時に市街地をも焼き払っている。住民がハイデルベルクに戻り、都市再建に取りかかったのは一六九七年だった。

ハウプト通りが歩行者専用通りになったのは一九七八年である。この年には旧市街の大規模な修復も始まっている。それから三五年。ハウプト通りはつねに安心して歩けるにぎやかな通りになっている。ホテルや有名レストランが続き、聖霊教会と市庁舎の間のマルクト広場は食事やお茶や会話を楽しむ人々でにぎわっている。

ハウプト通りはその名のようにハイデルベルクの中心的な通りである。一三八六年創立のドイツ最古の大学であるハイデルベルク大学のさまざまな建物を始め、通りの周辺にはハイデルベルクの歴史を伝える建物や施設が数多く保存されている。だから、ハウプト通りを歩くと、ハイデルベルクの歴史と文化を感じ取ることができる。このような重要な通りが歩行者専用通りになっていることに感動する。

よみがえる学生牢

ハイデルベルク大学は一三八六年開学のドイツ最古の大学だが、創立当初から学生への裁判権をもっていた。学生が街で飲酒に伴う粗暴行為や決闘、騒乱、警官侮辱などの事件を起こすと、警察は大学に通告する。大学当局は違反者を呼び出し、取り調べの上、処罰を決定した。処罰の大半は学生牢送りで、違反の程度によって、二四時間から最長四週間の〝刑期〟だった。ただし、一八八六年以降は、懲戒処分しかできなくなっている。

学生牢は一九一四年まで使用されたが、その学生牢が保存、公開されている。ハウプト通りを少し入ったアウグスティーナガッセ、大学旧館の裏、かつての用務員室の三階にある。一階の大学グッズショップが入り口で、入館料は二・五ユーロ。これで大学博物館、アルテ・アウラ（大講堂旧館）にも入れる。

さっそく見学したが、各部屋はストーブに固いベッド、机と椅子の簡素な造りだ。しかし、陰惨な感じはなく、壁、天井、階段にびっしり描き込まれた人物画や自画像、サイン、日付、詩やスローガンなどに青春のエネルギーさえ感じられた。

落書？いっぱいの学生牢

牢には水道もキッチンもなく、最初の二日間はパンと水が支給されるだけだったが、その後は外部から食べ物を取り寄せることができ、何とビールまで許可されていた。収容者同士で互いの部屋を自由に行き来し、大学の講義も聴くことができた。学生にとっては、〝名誉の勲章〟のようなものだったとも思われる。学生は各部屋に「グランドホテル」「ソリチュード」「サンスーシー」などのネームをつけた。高台の便座には「王座」の称号が与えられた。

4 ライプチヒを歩く

ワーグナーとライプチヒ大学

ドレスデンからICE1650に乗って一時間余りで、ライプチヒ中央駅に到着。ヨーロッパ最大規模の駅とは知らなかった。ホームから広大な地下一階、二階のショップやレストランが見える。相当なにぎやかさだ。ドイツの五〇万都市は文句なく大都市なのだ。

二〇一三年はワーグナー生誕二〇〇年で、出生地のライプチヒでもさまざまな行事があるようだ。これまでは、ライプチヒはワーグナーとの関わりを前面に出さないきらいがあったが、やはりナチスとの暗い記憶があったようだ。一八八三年に亡くなったワーグナーは反ユダヤ主義者ではあったが、それほどの罪はない。不幸だったのは、ヒトラーがワーグナー好きだったことと、ワーグナーの後継者がヒトラーの庇護を受けたことだ。

ベルリンの壁の崩壊とドイツ再統一に重要な役割を果たしたニコライ教会の向かいにワーグナー博物館があるが、その前にワーグナーの生家跡を訪ねようと思った。しかし、ホテルから近いはずなのに、なかなか辿り着けない。ようやく探し当てたところは、大きな近代的ビルの一階正面ガラス戸だった。そこにワーグナーの横顔に説明を付記したプレートが貼られていたのである。生家自体かその一部が保存されていると思い込んでいたので、そのビルの前は通り過ぎてしまったのだ。

次にワーグナーが学んだドイツで三番目に古い歴史をもつライプチヒ大学に行ってみる。ワーグナーは中退したが、ゲーテやニーチェ、シューマン、テレマン、デュルケムが学び、最近はメルケル首相も卒業している。森鷗外もここに留学している。

復元された旧市街

街を歩いて思い出したのは、ライプチヒも戦災に遭っており、多くの建造物が破壊されたことだ。戦後はソ連占領後、東ドイツに属し、経済的に良好ではなかったので、復元、修復は遅滞した。ドイツ再統一の後、代表的な建物の修復は進んだが、ライプチヒ大学は新旧の建物が入り混じったキャンパスになっている。しかし、超近代的なデザインの大学本部には圧倒された。

ライプチヒ大学にはさらにシンボリックな高層新館ウニ・ハウスがあった。高さ一四二メートルで市内随一の高さである（一九七五年竣工）。最上階にはレストランやパーティ会場があり、夜景を楽しみながら食事ができ、時折コンサートやライブもある。屋上のテラスから地上を眺めると、旧市街の街並みがかなり復元されていることが分かった。赤や黒の屋根並みが美しい。

地上に降りて街を歩く。バッハゆかりのトーマス教会からほど近い旧市庁舎前のマルクト広場にはまだ市が立っていた。野菜や果物、ジャム、ハム・ソーセージ、肉類がところ狭しと並べられ、アイスクリームや焼きソーセージも売っている。こうした市民的でにぎやかな情景はドイツ都市に共通のものと再認識する。

少し歩いて、メンデルスゾーンハウスを見学する。床を歩くとぎしぎし音がする木造二階建ての古風な建物だが、メンデルスゾーンが仕事をし、亡くなった家を再現したものである。毎日曜一一時に室内コンサートも開催される。一九世紀のライプチヒはウィーン、パリと並ぶ音楽の都だった。バッハ、シューベルトとともに、メンデルスゾーンもその時代に活躍した音楽家だったのである。

バッハ博物館

ドイツ都市を回り、いくつかの美術館、博物館を見学したが、ドイツでは電子ガイドが一般化していることを知った。日本ではまだイヤホンで作品番号を押して録音された解説を聞くのが主流だが、ドイツではスマホ型の解説機器を借りる。貴重な機器の保障のためにパスポートを預けなければならないこともある。料金は入館料に含まれている場合と、日本と同様三ユーロほどの別料金を払う場合がある。

圧巻はライプチヒのバッハ博物館だった。ライプチヒはバッハが死去するまでの二七年間住み、仕事をした中心地である。幸い日本語対応のスマホ型解説機器を借りることができたが、実に豊富な内容が盛り込まれていた。メインの展示の基本解説から枝葉がたくさん広がっており、展示資料を見ながら詳細な背景や研究成果に触れることができる。

バッハをプリントした路面電車

基本はバッハの生涯と作品を分かりやすく展示することだが、ライプチヒに止まらず、バッハの活動時期すべてがカバーされている。運営にはドイツ連邦共和国、ザクセン州、ライプチヒ市が関わり、ライプチヒ大学の付属研究所ともなっている。収集と展示は年々充実しており、研究報告、コンサートも開催され、バッハ研究総合センターとなっている。

試聴室ではバッハの全作品を聴くことができる。カフェも庭園もあるから一日がかりで楽しめる。もっとも全作品を聴くには最低でも三日間必要ということである。モーツァルトと違い、バッハの映画化作品は少ないが、その映像も流されていた。

興味深かったのは博物館教育だ。バッハ愛好者、アマチュア音楽家、学生、幼稚園児などさまざまな市民層を対象にプログラムが企画、実施されている。小さな子どもたちがバイオリンなどに見入り、楽器の音色を聴き比べている楽しそうな情景が目に浮かぶ。

博物館とバッハの職場でもあったトーマス教会の間にはバッハ像がある。バッハの顔を大きくプリントした路面電車も走っており、ライプチヒはバッハの街だった。

5 結婚式は市役所で
——ワイマール

ゲーテとバウハウスとワイマール憲法で知られるワイマールは、人口七万に満たない素朴な町だった。中心街は歩いて回れるが、込み入った道筋に慣れるまでは時間がかかった。国民劇場広場にゲーテとシラーが仲良く並んだ像がある。ゲーテはシラーより一〇歳年上だったが、親交があった。シラーは四六歳で亡くなり、ゲーテは八三歳まで生きている。

政府高官だったゲーテは五〇年もワイマールで生活し、住居がゲーテの家として公開されている。作家・行政官ゲーテの人生の航跡がうかがえ、興味深い。夏の庭にはおいらん草も咲いていた。ゲーテの家の前の広場は、観光馬車のたまり場になっている。ゲーテは望んでシラーと同じ墓地に埋葬されている。

いつ訪れてもゆったりくつろげるのは、市役所前のマルクト広場だった。市場が立ち、広場の三方にはホテルやレストランが並び、焼きソーセージやアイスクリームの売店・スタンド、ベンチもある。その界隈をよく待ち合わせ場所にした。

八月の土曜日の昼下がり、市役所入口付近がにぎやかなので、見ると結婚式が終わったところらしい。新郎新婦と縁者、友人たちが出てきて、祝福の最中だ。やがて馬車が横づけされて、新郎が純白のウエディングドレスの新婦の手をとって、馬車に乗り込む。馬車は二頭立て、純白の特別仕立てでゴムタイヤ、座席後部は赤いバラで飾られ、御者は若い女性だ。新郎が白い日傘を

新婚カップルを乗せた馬車

新婦にかける。

そしていよいよ出発だ。広場に居あわせた人たちも拍手して祝福する。馬車は広場を抜けて一回りしてまた戻って来る。それを三回繰り返してどこかへ旅立って行った。のどかで微笑ましい情景だった。こうした結婚式風景はブダペストでも見たが、やはり馬車だった。ヨーロッパの古都では馬車がよく似合う。

以前、香港で見かけた新郎新婦は、オープンカーに乗り込み、空きカンをカラカラ鳴らしながら遠ざかって行った。狭い香港でいったいどこへ行くのだろうと思ったが、もちろん他人が気にすることではない。

市役所での結婚式はヨーロッパ都市では日常的なことで、土日に多い。それだけ市役所が市民生活に身近な存在になっているということだろう。一日に何度もマルクト広場を訪れ、にぎわいの中で時間を過ごしていると、都市生活の原点のようなものが感じられた。

法律を学んだゲーテがワイマールに来たのは、一七七五年二六歳のときだったが、いくつかの要件を満たしてワイマールの市民権を得たのは翌年である。住民登録の類を手続きすれば自動的に市民になれるわけではない。ゲーテは鉱山事業のほか、道路建設、公国財政、宮廷劇場、図書館などを管轄担当したが、作家と二足わらじの人生は同じライプチヒ大学に学んだ森鷗外と似ている。

コラム2

ショパンへの旅

ワルシャワを訪れたのは、戦争で破壊された都心の完全な復興の姿を心に刻みたいと思ったことが第一だったが、次にはショパンの足跡を追ってみたい気持ちがあった。

日曜の午後、ショパンの生家があるジェラゾヴァ・ヴォラへ向かった。ワルシャワから西へ54キロ、クルマで1時間半の田園地帯である。ワルシャワ・ゲットー跡を右に見て、クルマは幹線を猛スピードで疾走し、右折した細い並木道の先にある生家（ショパン博物館）の駐車場で止まった。入場料は1人20ズウォティ、約900円。

うっそうとした森と、釣りもできる川がある広大な敷地の一郭に生家はひっそりと佇んでいた。木々は世界各国から贈られ、日本ショパン協会からの桜の木もある。ショパンが生まれた部屋や居間やピアノの練習室を見て、ショパン音楽のルーツに思いを馳せた。

ここでは5月から9月の毎週日曜日に2回ずつピアノコンサートが開かれる。その日は、6歳でオーケストラを率いて日本でショパンのピアノコンチェルトを公演したスタニスラフ・ジェヴィエツキの演奏だった。代表的なバラード、マズルカ、スケルツオ、ノクターン、ポロネーズが奏でられた。

ピアノの音は窓越しに観客のいる戸外に流れ、木々の葉ずれの音を伴い、9月の空へ抜けていく。柔らかくほどよい間をおいた繊細なタッチが心にしみた。とくに映画「戦場のピアニスト」でも有名になったノクターン第20番嬰ハ単調は、はかなくも優美な絶妙の調べで、聴衆の魂を掬い、大空の彼方に導いていくようだった。

夕方、ホテルに戻り、すぐに近くの聖十字架教会へ行った。朝はミサが行われていて確認できなかったが、祭壇に向かって左手前の石柱の下にそれを発見した。「ここにショパンの心臓、永遠の休息を得たり」Here rests the heart of F. Chopin 1810-1849。

異国の地パリで生涯を閉じたショパンは、姉に託して心臓とともに祖国へ帰り、この教会に安置された。ナチスがこの教会を破壊したときに、心臓も持ち去られたが、戦後、1945年10月17日のショパンの命日に戻されたという。

4 歴史を刻む都市空間

1 ドブロヴニク
――奇跡の都市国家

ウィーンのシュベヒャート空港からプロペラ機でクロアチアのドブロヴニクへ飛ぶ。ちょうど一時間のフライト。空港周辺は砂漠の風景だった。二〇〇八年九月九日の午後二時半。ポールにサッカーの国際試合で目に馴染んだクロアチア国旗が翻っている。肌寒かったウィーンと違い、真夏のような暑い陽射しに戸惑う。

都市国家だったドブロヴニク

シャトルバスにしばらく揺られていると、右手の山の斜面に少しずつ緑と住宅が増えていった。左手はアドリア海だ。新市街のホテルに落ち着き、軽装になって、路線バスで旧市街に向かう。ピレ門の付近は観光客でいっぱいだ。目抜き通りのプラツァ通りもにぎわっているが、看板や変な装飾がなく、静かで落ち着いた時間が流れている。

次の日、城壁の遊歩道全長約二キロを歩いた。堅固な都市国家の歴史を追体験するようだった。しかし、プラツァ通りなどでは見えなかった一九九一年内戦の傷跡がそこかしこに目に飛び込んできた。セルビア軍による攻撃の激しさは、スポンザ宮殿の写真や映像でも、スルジ山の軍事博物館の映像でも確認した。

この美しい世界遺産の都市国家が海から、空から、スルジ山から攻撃されたのだ。一九九一年一二月の戦禍の後、ドブロヴニクは危機遺産リストに載せられ、解除されたのは七年後の一九九八年だ。当時、戦禍のまま残すか、元のように再生するか論議が分かれたという。

修復作業は今も続いている。ワルシャワでもミュンヘンでもそうだが、破壊された都市を元に戻す膨大なエネルギーと情熱は、かけがえのない都市への愛情と尊厳からきているのだろう。それは目に見える都市空間だけではない。都市の精神自体なのだ。

ドブロヴニクは、一三世紀以降、地中海交易の拠点として栄え、「アドリア海の真珠」と呼ばれる美しい都市を形成したが、同時に「自由・都市・城壁・国家」を一元化し、独占利益を排し、交易の利益の公共還元と市民福祉を実践したことで知られる。貧富の差が社会を不安定にし、やがて滅亡した多くの都市の教訓に学んだのだ。

トルコやヴェネツィアなど大国との摩擦や戦争を外交の技術と努力で回避した。一八世紀末には八〇以上の在外領事館をもち、情報収集に努めた。内政面では総督の任期を最高一ヶ月かつ無報酬にして権力の腐敗と濫用を防止して平和を維持した。議員の任期も一年だった。世界に先駆けて奴隷制を廃止し、孤児院や薬局、伝染病予防、上水道など都市インフラに力を入れた。

ドブロヴニクで最高の価値を置かれていたのが、自由である。五〇〇クーナ紙幣（約一〇〇〇円）に肖像があるドブロヴニクを代表する詩人イバン・グンドリッチも自由を讃えた。「いかなる黄金に換えても自由を譲らず」。

スルジ山のロープウェイの駅は破壊されたままだが、そこから眺めるドブロヴニク旧市街の景観は格別だ。そのたたずまいは「アドリア海の真珠」という賞賛よりも「真珠の自由都市」の方が相応しい（その後、ロープウェイは修復再開されている）。

昨今は観光客が多い。それも平和の象徴だろう。クルマもバイクもない城壁の中を歩きながら、都市史のページの背後に呼び込まれるような気がした。宵闇の横丁をぶらついていたとき、レストラン、マルコ・ポーロの店主に声をかけられ、テーブルに座る。白ワインと盛りだくさんのシーフードを堪能していると、遠くから流しのギターの音が聞こえてきた。

2 ベルギーの古都ゲント

ブリュッセルからブルージュへ行く途中、ゲントで途中下車した。雨だったが、七世紀以来の古都ゲントのたたずまいは強く記憶に残っている。ゲントで降りた第一の目的は聖バーフ大聖堂にある祭壇画、ファン・アイクの「神秘の仔羊」だった。

ゲントは東フランダース州の州都で人口約二五万、ベルギー第三の都市だが、旅行前はゲントの歴史をよく承知していなかった。ゲントは英語式で、オランダ語ではヘント、フランス語ではガンと発音される。「神秘の仔羊」の存在で日本人がよく訪問し、日本語の都市ガイドブックも並んでいたが、それは「ヘント」と題されていた。驚いたのは「神秘の仔羊」のオーディオガイドにも日本語版があったことだ。

歴史を感じさせるゲントの街並み

中世フランドル絵画の最高傑作といわれる「神秘の仔羊」は素晴らしかった。宗教的、神学的背景を知らないと一見して理解はしにくいが、上下二層、独立した一二面の絵画には迫力があった。解説によって主題や登場人物、構図の意味がある程度分かってくる。

ゲントに着いたのは朝の九時四〇分、ブリュッセルから電車で四〇分だった。荷物をコインロッカーに入れ、路面電車に乗り、旧市街の中心部、コーレン・マルクト広場で降りる。この広場とバーフ広場を囲むように鐘楼と繊維ホール（ギルド会館）、聖バーフ大聖堂、聖ニコラス教会、市役所、郵便局などが建っている。一八一七年設立のゲント大学もほど近い。文字通り、ゲントの心臓部だ。

一三〜一四世紀にギルドによって建造された高さ九一メートルの鐘楼に登る。料金は三ユーロ。螺旋階段をぐるぐると登る。時間で鳴る四四個のカリヨンはオルゴールと連動している。楽譜ともいうべき巨大なオルゴールがゆっくりと回り、典雅な音を古都に流す。

鐘楼から見るゲントの街は赤い屋根並みと石畳がつづき、淡彩の石版画のように美しい。路面電車とトロリーバスと馬車と自転車と歩行者。ゆったりとした時間が流れている。ゲントは中世には商業と毛織物工業でブルージュと並んで栄えた。北方ルネサンス発祥の地でもあり、美術館が多い。

オランダ独立戦争中の一五七六年、スペインとの一時的休戦条約（ゲントの和平）の締結会場となった市役所は、ゴシック後期とルネサンスの混合様式で表側は荘重だが、裏側は隣接の町並みに溶け込んだ質素な造りだった。その市役所の正面にお土産屋があり、店を守っているゲント生まれのおばあさんは、ゲントを世界のどこよりも愛してるんです、と笑顔で話してくれた。

ベルギーには世界遺産が多い。単独の登録ではないが、ゲントの鐘楼と繊維ホール、旧牢獄もそうである。同様に世界遺産となっているフランドル地方のベギン修道院群の三つがゲントにある。タクシーを飛ばしてそのひとつに行く。木々に囲まれた女子修道院は静謐ながら濃密な思想信仰空間だった。帰りは優しそうな白猫が建物入口の石段にきちんと座って見送ってくれた。

3 ケベック
——歴史の風趣あふれる旧市街

北米で唯一の城壁都市であるケベック・シティは一度訪ねてみたいと思っていた。それがかなったのは、二〇〇六年八月三〇日だ。夕方、シカゴからエア・カナダの小型機で一時間弱の小旅行。ジャン・ルサージュ国際空港から市内への交通機関は、タクシーのみで、一律二七カナダドルだ。シカゴと違い、クルマは高級車、ドライバーは上品な紳士で車内にはジャズが流れていた。かなりのアップダウンの道を走り、二十数分でホテルに着く。

翌日、ホテルに近いサン・ルイ門から世界遺産に登録されている旧市街を歩いた。絵に描いたような美しい街並みに感動する。サン・ルイ門のそばに、ルーズベルト大統領とチャーチル首相の胸像がある。第二次大戦の戦後処理などについて会談をした記念だ。サン・ルイ通りを進むと、両首脳が会談したフランスの古城のようなホテル、フェアモント・ル・シャトー・フロントナックが目に飛び込んでくる。

大陸横断鉄道の開通に伴い、セントローレンス川を望むように一八九三年に建設されたこの巨大ホテルもケベック・シティのシンボルに違いない。そばのダルム広場は、旧市街の中心的なスポットで、いつもにぎわっている。まだ、夏の陽射しが残っている午後の広場では、観光客を前に曲芸などの大道芸が繰り広げられていた。

セントローレンス川が狭まる地点に建設されたケベック・シティはアメリカのジブラルタルといわれるが、セントローレンス川は広大だった。大きな船やフェリーが行き交い、下流は海のように果てしなく広がっている。他方で過ぎ去ろうとしている夏を惜しむかのように、ヨットや小

セントローレンス川とフロントナック・ホテル

船で水上レジャーを楽しむ人たちもいた。

ケベック・シティの旧市街は、ディアマン岬の上にあるアッパー・タウンとその下のセントローレンス川に沿ったロウアー・タウンに分かれる。ダルム広場の横手からフニキュラー（ケーブルカー）で四五度の急斜面を降りると、ケベック・シティ発祥の地、ロウアー・タウンに入る。居心地のいい小世界で、レストランやブティックが多く、観光客が楽しそうに歩いている。広場や辻はストリート・ミュージシャンの競演の場だ。

ロウアー・タウンには二つのだまし絵のような壁画が描かれた建物がある。建物の一面全部が絵なのだが、窓や室内状況が精密に人々も生きているようにリアルに描かれている。ひとつは、「ケベック人のフレスコ」と題された一九九九年作で、歴史と市民生活と四季が表現されている。もうひとつは、庶民の生活風俗を克明に描いた壁画で、思わず目を凝らして確認したくなる。遊び心いっぱいのエスプリと街への愛情が描き込まれている。

翌日はサン・ジャン門からサン・ジャン通りを歩く。馬車（カレーシュ）を引く馬のひづめの音が石畳の道を転がってくる。建物の玄関や窓には季節の花々が飾られ、歩く人を和ませる。そのカラフルな街並みに、教会や博物館や市庁舎の地味な建物が落ち着きを添えている。

夜、ライトアップされたシャトー・フロントナックを見ていると、サックスと女性の歌声が流れてきた。カフェテリアの客を目当てにした辻音楽師カップルだった。休憩のとき、奥さんと話したら、思いがけなく、シャトー・フロントナックはよくない、という。トラブルがあったのかどうか。夏は高額で満室。泊まるなら格安の冬に限る、厳寒だけどね、ともいう。やがて夜風に冷気がにじみ寄ってくる。

4　ハリファックスの印象
——要塞都市の今昔

数年前、調査でアメリカ、カナダ数都市を回った。最初はカナダ東海岸のノヴァ・スコシア州のハリファックス。トロント経由だった。日本と時差一二時間で、ちょうど地球の裏側にある。ノヴァ・スコシア州はプリンス・エドワード・アイランド州、ニュー・ブラウンズウイック州、ニューファンドランド&ラブラドル州と並んで、アトランティック・カナダと呼ばれている小四州のひとつだが、人口は約九四万で最も多い。

ハリファックスのシタデル（要塞）

その州都がハリファックスで、人口約二七万の港湾都市だ。港には散策のコースに沿って各種ショップやレストラン、海洋博物館、観光船発着所、観光案内所などがあって、いつも観光客でにぎわっている。この沖合でタイタニックが沈没し、ハリファックスはタイタニック船客の救助活動でも知られている。市内には犠牲者の墓地がある。

港から仰ぐように斜面がつづき、都市が形成されている。道路は碁盤の目で分かりやすい。ビクトリア様式の市役所やセント・ポール英国国教教会をはじめ、歴史的建築物と近代建築がほどよく調和している。目抜き通りを除くと電線類が地中化されていないのは、アメリカの地方都市と同様だ。港を見下ろす高台に函館の五稜郭のようなシタデル（要塞）がある。イギリス軍がフランス軍に対抗するために建設した海軍基地だ。

今はハリファックスのシンボルで、内部には戦争博物館などがある。スコットランドスタイルの衛兵がいて、正午には空砲を打っている。シタデルから沖の小島の有名な灯台の眺望を守るために、視線上にある高層ビルの建設角度を変えているのに感心した。そのビルは道路に対して斜めに建てられていて、通りを歩いていると奇異に見える。

共同研究者と州や市の関係機関を訪れ、ヒアリングをし、地元のセント・マリー大学の先生たちと交流したが、街には素朴なにぎやかさがあった。水陸両用の観光バス（船）も珍しい。トロントのあるオンタリオ州や、モントリオールのあるケベック州、バンクーバーのあるブリティッシュ・コロンビア州などの主要州とは違う気概が、州・政府関係にも現れている。

郵便局はすでに民営化されていて、スーパーなどの奥に郵便局がある。各種封筒やカード類、のり、ガムテープ、はさみなども売っていて、手ぶらで行って資料などを日本に送ることができる。便利といえば便利である。日本は将来どうなるのか気になった。

ハリファックスの名物のひとつはロブスターだ。街のところどころにロブスターのオブジェがあり、それぞれ彩色が違う。愛嬌のある像が多い。もちろん、港のレストランに入ったが、小ぶりのロブスターの方が味がいいといわれる。白ワインとよく合い、三人で一夕を楽しむ。

5　ルーネンバーグ
――ライトハウス・ルートの開拓都市

カナダのハリファックスから大西洋沿いに海岸線を走るライトハウス・ルートというハイウエイがある。有名な灯台（ライトハウス）があるペギーズ・コーヴなどを通ることからつけられたネームらしい。朝、ハリファックスを発って、映画「嵐が丘」のような潅木と池と岩石が織りなす荒涼とした丘陵を越え、ペギーズ・コーヴに到着、クルマを降りる。小さな漁村だが、風光明媚の観光地だ。海岸の岩場に郵便局併設の小さい灯台がある。

この近くの海にスイス航空の旅客機が墜落して、二二九名の乗客、乗務員が犠牲になっている。一九九八年九月二日のことだ。犠牲者を悼んだ石碑には、They have been joined to the sea and the sky.（彼らは海と空に抱かれ、天国へと旅立った）という文字が刻まれていた。そういえば、ケネディ・ジュニアが自ら操縦した小型飛行機が墜落したのもこの辺だったと記憶する。海も空も気象が激しい難所なのだ。

さらに一時間あまり走って、日本の清里風の観光地、マホーン・ベイに着く。ドイツ、スイス系プロテスタントがつくった町で教会が三つ並んでいる。ヨットハーバー沿いのレストランでランチをとる。

対岸から望んだルーネンバーグ

ルーネンバーグはそこから高速を走って三五分ほどだった。ドイツ系の町名だが、一八世紀にイギリス植民地として開拓され、その後、フランス、ドイツ、スイス系プロテスタントが移住し、造船と漁業で発展した。この町が世界文化遺産に登録されたのは、一九九五年である。

一見普通の港町だが、区画は整然としていて、道路は碁盤の目になっている。すこぶる坂が多い。建物の約七割が一八世紀から一九世紀のものといわれる。港に沿った町並みを対岸から眺めると、赤、青、黄、茶色などカラフルだ。ヨーロッパの歴史都市のような色彩的統一はないが、生活感あふれる温かみがある。この建物の色は船のペンキを利用したものという。町は今でもニューファンドランド沖の漁場に向かう底引き網漁船の基地および観光地としてにぎわっている。

町中には電柱と電線があり、これもヨーロッパとは違うが、教会の尖塔の先につけられた魚の形の風見鶏や、イカや魚などのユニークな店の看板をはじめ、居心地のいい小世界がつくられている。裁判所と同居した町役場でヒアリングをした。世界遺産登録は、典型的な計画植民都市の構造が保全されていることが認められたようだ。

6　ギマランイスを歩く
——中世の歴史を刻む古都

ギマランイスはポルトガルの古都で、ポルトのサン・ベント駅から電車で一時間一五分。日帰りで訪ねたことがある。旧市街の入り口の壁に AQUI NASCEU PORTUGAL「ポルトガル、ここに誕生す」と表示されている。ギマランイスを思い出したのは、最近、オムニバス映画「ポルトガル、ここに誕生す～ギマランイス歴史地区」（二〇一二年、ポルトガル）を見たからだ。

ギマランイスは二〇一二年にヨーロッパ文化首都に指定され、さまざまな文化行事が催されたが、映画もその一環で制作された。四監督のオムニバス映画だが、ビクトル・エリセ監督が四〇分弱の作品を寄せているのが注目された。「割れたガラス」というタイトルで、ギマランイス近郊の紡績織維工場の記憶と思い出をつづっている。ほかは、アキ・カウリスマキの「バーテンダー」。彼はフィンランド人だがもう二〇年もポルトガルに住んでいるらしい。映画は淡い甘みと苦みにあふれている。ペドロ・コスタ監督「スウィート・エクソシスト」は一九七四年カーネーション革命を背景にした寓話劇だった。

エンリケス像とギマランイス城

最後は一〇四歳マノエル・ド・オリヴェイラ監督の小編「征服者、征服さる」である。大勢の観光客のカメラのシャッターで初代ポルトガル国王、アフォンソ・エンリケスの銅像が〝征服〟

される様をユーモアとウィットを効かせて描いている。彼の作品だけが、ギマランイス歴史地区にカメラを持ち込んでいる。

ギマランイス歴史地区は二〇〇一年に世界遺産に指定された。アフォンソ・エンリケスが一一三九年に国王に即位し、ポルトガルは独立した。その後、近代化する中で中心市街だけは中世のままに保全されているのが評価された。駅は普通の建物だが、長い下り坂を約五〇〇メートル歩くと、「ポルトガル、ここに誕生す」のビルに突き当たり、中世都市にタイムスリップする。

教会や美術館、博物館、貴族の館、市庁舎、旧市庁舎、いくつかの広場、窓に花を飾った古い建物、由緒あるホテルやレストランなど、旧市街は濃密な歴史空間である。斜面を上ってギマランイス城を見学する。石塔が林立する古典的な城塞である。

二八メートルの城の上からは市街が一望できる。赤い屋根並みが広がり、景観は素晴らしい。城の上に安全柵などはなく、安全管理は自己責任ということだ。城内から屋上に上る階段も急傾斜で降りるときは一苦労した。前向きでは落下しかねない傾斜だった。

中世からまったく変っていないのではなく、一九世紀後半には公衆衛生思想や都市計画理念の進歩発展を受けて市壁が取り払われ、街路や広場が建設されている。その場合でも中心部の歴史地区は慎重に保全された。

オリヴェイラ監督の映画にあったように、ヨーロッパ文化首都に指定されたギマランイスには、今日も大型バスで大勢の観光客が押しかけているのかも知れない。しかし、思い出に残っているギマランイスは静かに中世の歴史を刻む古都である。

7 戦争博物館
――何を学ぶべきか

外国で戦争博物館を見学したことが何回かある。欧米諸都市のほとんどには公的な戦争博物館ないし戦争記念館があり、一般の博物館、美術館と同様に公開されている。

ドイツやスイスの都市には武器博物館があり、中世以来無数にあった戦争の様子や甲冑や武器などを詳細に展示している。カナダのハリファックスでもかつての要塞（シタデル）の中に戦争の歴史を物語るパネルや武器、兵器、制服などが展示されていた。

ケベック・シティのシタデルは現在も実際の軍事施設で陸軍連隊が駐屯しているが、歴史上有名な戦争シーンがパネルや人形で再現され、古今各種の武器、機器の展示があった。

戦争博物館設置の目的は歴史的事実を正確に伝え、悲劇や過ちを繰り返さないことだろう。この意味で印象に残っているのは、オーストラリアの首都キャンベラの戦争記念館だ。

同館は政府が植民地時代から第一次・第二次大戦、冷戦時代の戦争までを綿密に検証、一面的な愛国心にとらわれない客観的公平な展示をしていた。荘厳な慰霊空間ともなっている。ホノルル真珠湾の戦争記念館には、沈没前日のアリゾナ号の若い乗組員の屈託ない写真が多数陳列されており、戦争の悲惨さ、無意味さが伝わってきた。

日本には戦争博物館といえるものがない。これは戦争責任や戦後処理の不徹底と連動しているだろう。先日、靖国神社の遊就館を見学したが、たいへんな軍事博物館だと思い知った。問題はどういう思想と目的で設営されているかである。

キャンベラの戦争記念館

コラム3

建築家アドルフ

以前、テレビで、アドルフ・ヒトラーが画家を目指した若い日に描いた絵の競売風景を見たことがある。彼はウィーンの美術学校の試験に二年つづけて失敗したが、画家になる夢を捨てきれず、観光用の絵葉書や水彩画を描いて暮らした。

競売にかけられていた一枚は、緑の丸い屋根で知られるウィーン・カールス教会の水彩画だった。アドルフは建築に関心があり、この美しいバロック教会もよく描いた。彼の絵には個性がなかったが、建築物の細部がよく描き込まれていた。

自信があった美術学校に不合格になったとき、アドルフは校長から画家より建築家に向いていると慰められている。その建築家にもなれなかったが、都市建築や街づくりには異常なほどの関心があった。

画家の道には挫折したが、デマゴーグ（煽動政治家）の才能を発揮して陸軍内部で出世し、やがて権力を握ったアドルフが計画したのは、ドイツ五大都市の大改造だった。首都ベルリン、ミュンヘン、ハンブルク、ニュルンベルク、そしてオーストリアのリンツである。故郷のリンツはじめ、いずれも彼にゆかりのある都市である。

彼はレニ・リーフェンシュタール監督のドキュメンタリー映画「意志の勝利」で有名な1934年のナチス党大会を演出した側近のアルベルト・シュペーアを建築総監に任命した。

ベルリン改造計画は、幅員135メートルの大通りや高さ80メートルの凱旋門、その先の巨大な円形ドームなど、パリをもしのぐスケールだった。以前からの構想で〝建築家〟アドルフの真骨頂だった。もちろん市民的都市空間ではなく、全体主義国家の威容を誇るためのものだ。芸術を権力の手段にするアドルフの本質は変わっていなかった。

5 都市文化紀行

1 ブダペスト
――郷愁漂う東欧の街

世界遺産都市ブダペスト

数年前の秋の初め、ウィーンからブダペストまでドナウ下りをした。地下鉄一号線鉄橋の下流右岸にあるライヒスブリュッケ桟橋から定期船に乗り、出国手続きをする。ドナウ川は広いところは川幅が一キロメートル以上もあった。ダムが二ヶ所あり、水位調整で仕切られたドッグの中でしばらく待機する。

華麗なハンガリー国会議事堂

高速艇で約五時間半の船旅だった。ドナウ川が少し左にカーブすると、有名な国会議事堂が見えてきた。ドナウの真珠・ブダペストのシンボルだが、折衷主義建築の傑作である。折衷とはいえ、華麗さと風格を併せもった名品だ。ブダペストではウィーンの国会議事堂より立派だと自慢されている。ギリシャ神殿風のウィーンの国会議事堂より美的陰影に富むのは確かだ。エルジェーベト（エリーザベト）橋と自由橋の間にある船着き場で降りて簡単な入国手続きをし、そのまま歩いてホテルにチェックインする。

ドナウ川に面したホテルの窓からは、くさり橋やブダ側の王宮地区がパノラマとなって広がった。夜はライトアップが美しい。逆に王宮やゲッレールトの丘からは、ペスト側の国会議事堂などがよく見える。都市が美学的に整序されていると感じた。ドナウ両岸の中心市街地は世界遺産になっている。それも第二次大戦の被害から復旧したものだ。

中心市街地以外は、景観的には普通の街並みだが、古くなった建物の補修やリハビリテーションは市が補助金を出したりしてよくやっている。市役所でちょうど建築修復パネルの展示があり、担当者の説明を受けることもできた。

世界遺産都市ブダペストでは一九七〇年代に王宮があるブダ地区の歴史的中心地にブダペスト・ヒルトンホテルの建設計画が持ち上がり、問題になったことがある。当然、市民は反発した。社会主義国家の首都ブダペストの歴史と文化を誇る心臓部に資本主義国のホテル建設というだけで反発は激しかった。市当局でも建設推進派の観光局と慎重派の文化局が対立したが、結局、周辺の歴史的環境を損なわないような形態にすることと、設計にハンガリーの代表的な建築家ピンテール・ベーラを起用して、世界的水準の建築物にするという条件で計画が認められた。

その結果、一九七七年に開業したホテルは、市民が誇りにできるような建築物になった。マーチャーシュ教会の右側に高低差がある南館（左側）と北館（右側）に分かれたビルである。確かに形態的にも色彩的にも周辺の歴史環境と見事に調和している。ピンテール・ベーラは第二次世界大戦で壊されたイエズス会の修道院からヒントを得たといわれる。現在、ホテルは客室三二二を持つブダペスト有数の高級ホテルとなっている。

キシュ・ピパと「暗い日曜日」

ブダペストに行く前からキシュ・ピパ（小さなパイプ）のことが気になっていた。「暗い日曜日」の作曲者レジョー・セレッシュがピアノを弾いていたというレストランである。

映画「暗い日曜日」のプログラムには、ブダペスト第七区で今も営業中と書いてあり、胸が騒いでいたのだ。ホテルのフロント係に尋ねると、直ぐに地図に店の位置をマークしてくれた。そう遠い距離ではなかったが、時間が遅かったので、タクシーに乗り込み、暗い夜の街に分け入った。

淡い光に浮かんだ看板にはレトロな風情があったが、キシュ・ピパの店内は映画とは違い、ごく普通の構えだった。気さくなウェーターが、地元名物の肉料理を勧めた。

ビールを飲んでいると、ピアノの弾き語りが始まった。映画のような若い男性ではなく、中年の男性だ。アメリカのポップスの後、「暗い日曜日」が店内にしみじみと流れた。

この歌は多くの自殺者のBGMとなった。各国で放送禁止や自粛が相次いだ。もともとハンガリーの曲だが、ダミアがフランス語で歌って世界的にヒットした。ビリー・ホリデイやルイ・アームストロング、レイ・チャールズも歌っている。

一九三〇年代の希望のない不穏な世相の中で、あの歌は鈍い光彩を放った。「人は歌によって死ぬことはない。歌で自らの死を飾るだけだ」といわれた。今は明るくにぎやかなキシュ・ピパも、その頃は映画のように典雅ながら沈んだ旋律を奏でていたに違いない。

ブダペストのセーチェニ温泉

ゲッレールト温泉とセーチェニ温泉

ハンガリー式温泉も気になっていた。市内にはいくつかの温泉があるが、代表格のゲッレールト温泉とセーチェニ温泉に行ってみた。

ゲッレールト温泉はホテル内にあり、宿泊客は自由に入れるが、そうでない場合は入場料を払って入る。伝統的なトルコ式浴場のタイプで男女別々に入る。現地の男性はフンドシのようなものをまとっていた。サウナやミストサウナもあったが、荘重な建物の屋内なので地味でもうひとつ弾まない。屋外プールは開放的で毎時一〇分間、迫力ある波乗りができるから、連れがいれば楽しかったかも知れない。

目抜き通りのアンドラーシ通りの突き当たりにある市民公園の中のセーチェニ温泉は、屋外方式で優雅かつ開放的な温泉だった。戦前に造られた黄褐色の建物も風情がある。ヨーロッパでも最大規模の温泉といわれている。水着着用だが、老若男女混浴でにぎやかだった。となりはプールで水泳ができる。何年かぶりに泳いだら、心臓がバクバクした記憶がある。

世界各国の言葉が飛び交い、温泉に入りながら楽しむ「風呂チェス」も人気で人の輪ができている。料金はデポジット方式の明快なシステムで、時間によって払い戻しもある。慣れれば利用しやすい。日本の温泉とは一味も二味も違う印象的な温泉で、今でもふと思い出すことがある。

2 シカゴ
――大都市の多彩な文化

シカゴ建築クルーズ

シカゴのダウンタウンが建築物のギャラリーのようだと聞いてはいたが、現地に赴くまでは実感がなかった。しかし、オヘア空港に着いて高架鉄道ブルーラインに乗り、都心のワシントン駅を降りたときは目を見張った。

多種多様なデザインの高層ビルが林立しているが、全体的に調和がとれた美しいたたずまいを見せている。道路が広く、格子状ということもある。タクシーで近くのホテルに向かう間の都市空間のパノラマは素晴らしかった。

次の日、さっそくシカゴ川沿いに代表的な建築物を見学するクルーズに参加した。まず、ミシガン湖東端にそびえる七〇階建ての超高層アパート、レイク・ポイント・タワーだ。湾曲したガラス面の斬新なデザインだが、竣工したのは一九六八年である。

シカゴ川沿いの高層ビル群

それからユニークなトウモロコシ型のビルが二つ並んだマリーナシティだ。一八階まではらせん型の駐車場で上部四〇階はアパートになっている。都心をオフィスだけでなく、職住近接型に計画していることが分かる。これも六〇年代後半のビルである。

シカゴ・トリビューン紙の本社、トリビューン・タワーは一九二五年竣工のクラシックなビルだ。こうしたビルと現代的なビルとの共存が、都市空間に華やぎと安定感を与えている。

少し前まで世界一の高さを誇った百十一階建てのシアーズ・タワーもユニークな構造だ。平面は六九メートル四方だが、二三メートルで三等分された九つの立方体の合成からなっている。一万二千人が働く巨大オフィスビルだ。

さまざまなデザインとスケールのビルが現れては過ぎ去った。セルフサービスのコーヒーを飲みながら、ガイドさんのユーモアたっぷりの案内を楽しむ。

建築ツアーは、バスやボートのほか、ガイド付きのウオーキングツアーもある。東京の旧帝国ホテルを設計したライトの作品や自宅を見て回るバスツアーもある。帆船に乗り、ミシガン湖沖から眺めた夜景もまた格別だった。

ブルースを聴く

シカゴに行ったらもちろんブルースを聴きたいと思っていた。いくつかのライブハウスの予定をホテルのコンシェルジュに確認してもらったら、お目当てのブルーシカゴは日曜で開店していない。しかし、二号店のブルーシカゴ・オン・クラークは開いていた。

デラウエア通りの中華料理店で食事をしてから、クラーク通りをぶらぶら歩いた。目抜き通りのミシガン通りのようなにぎわいはないが、カフェやレストラン、ライブハウスが多い。途中にブルーシカゴ一号店があった。

八時半過ぎ、ブルーシカゴ・オン・クラークに入る。カバーチャージは八ドルと高くはない。入り口のお兄さんにお金を渡す素朴なスタイルだ。大きい店ではない。落ち着ける左端の席について、地ビールを注文する。ビールは三ドル五〇セント。

ブルーシカゴ・オン・クラークにて

壁にはオリジナルポスターやTシャツ、ジャズマンの写真が掛けてある。一号店も同様らしい。両店が開業中なら、一回のカバーチャージで両方の店を行き来できる。

九時過ぎ、演奏が始まった。ドラムスと三人のエレキギター。演奏はダイナミックかつ繊細で引き込まれた。次第に客が多くなり、ライブハウスらしい雰囲気になった。天井のファンが静かな羽音を奏でている。

ブルースの女王の登場は、数曲演奏の後だった。しばらく客席にいて、さっとステージに上がり、愛嬌あるあいさつの後、圧倒的な歌唱力でブルースを歌い上げた。パンチある自由自在な歌いぶりで、これが本場のブルースかと感動した。ビールもいつか五本目になっていた。

世界最大の図書館

世界最大の公共図書館といわれるシカゴの図書館を資料収集で訪ねた。ハロルド・ワシントン・ライブラリー・センターである。シカゴで初めてのアフリカ系市長に敬意を表して名づけられた市立図書館だ。一〇階建て、赤い花崗岩とレンガの外壁、古代ギリシャとローマの様式を取り入れた威風堂々とした建物である。屋根には巨大な装飾彫刻がある。知恵と成長の象徴のフクロウとサヤエンドウも配され、地上を見下ろしている。

バッグは検査されるが、だれでも自由に入館でき、資料もコイン式コピー機でコピーできる。一階から八階までは普通の図書館だが、ユニークな施設がふんだんにある。コンサートホールや展示場、読書の疲れを癒す広大な屋内ガーデンもある。

世界最大のシカゴ市立図書館

八階には世界最大のジャズとブルースのコレクションがある。三階のシカゴギャラリーでもジャズやブルースの映像資料が楽しめる。日本人のアーティストのコーナーもあった。二階はこども図書館とこどものランチルームのスペースだ。ここの絵本のコレクションも世界最大という。設立は一九九一年だが建築に七〇年の歳月をかけている。面積は二万一二六〇坪。ロビーの壁画やモザイク、装飾からはシカゴの歴史や文化に対する誇りがうかがえる。

さらに感銘を受けたのは、入口に掲げられたアメリカの思想家ソローの「本は世界の宝、世代と民族を超えた人類共通の貴重な遺産である」という言葉と、出口にあったイギリスの詩人エリオットの「図書館は人類の未来に希望を与えてくれるかけがえのない存在である」という言葉だった。

3 ダブリンを歩く
――アイルランドの文豪たち

文学大国アイルランド

アイルランドは面積は北海道ほどで人口約四六〇万の小国だが、世界に名だたる文学大国である。ノーベル文学賞作家が四人もいる。「アシーンの放浪」「ケルト妖精物語」のウィリアム・バトラー・イエーツ、劇作家、音楽評論家、社会思想家で「マイ・フェア・レディ」の元になった戯曲「ピグマリオン」を書いたジョージ・バーナード・ショー、日本でもよく上演される戯曲「ゴドーを待ちながら」のサミュエル・ベケット、唯一の現存者で「言葉の力」「トロイの癒し」のシェイマス・ヒーニーである。

ほかに有名な作家として、「ガリヴァー旅行記」のジョナサン・スウィフト、「ユリシーズ」「ダブリンの人々」のジェイムズ・ジョイス、耽美主義と「サロメ」のオスカー・ワイルド、「アラン島」のジョン・ミリントン・シングなどがいる。

しかし、バーナード・ショーやサミュエル・ベケット、オスカー・ワイルド、ラフカディオ・ハーンなどのように、アイルランドの文豪たちの中には、祖国を去り、ほかの国で活躍し、晩年を送ったという皮肉な事実もある。

ダブリンの目抜き通り、オコンネル通りからほど近いところに、ダブリン・ライターズ・ミュージアムがある。一

国立ロウ人形博物館のライターズ・ルーム

八世紀に建てられて貴族の館に使われていたジョージア様式の典雅なビルの一階と二階がミュージアムである。入場料金は大人七・五〇ユーロ、家族は何人でも一八ユーロだ。館内には四人のノーベル賞作家のほか、ジョナサン・スウィフト、ジェイムズ・ジョイス、オスカー・ワイルドなどの作家の初版本、手紙、愛用品、彫像、肖像画などが展示されている。

ミュージアムの開館は一九九一年だが、一九九七年から展示に加わったのが、ラフカディオ・ハーンである。明治二三（一八九〇）年に来日し、出雲の松江中学の英語教師になり、「怪談」をアメリカ、イギリスで刊行、世界初の日本文化紹介者といわれた小泉八雲（日本名）である。武家出身の日本女性と結婚して日本国籍を取得、一九〇四年に死去するまでアイルランドに帰ることはなかった。

部屋ではなく、廊下に彼の写真が掲げられており、解説が付してある。その解説の冒頭にはギリシャ人とアイルランド人のハーフとあるが、日本との文学的つながりでは最も有名なアイルランド人と評価している。ハーンは、同時代にアイルランドの民俗や妖精をテーマとしたイエーツと対比されることがある。

文豪たちには、国立ロウ人形博物館プラスでも会った。かつてアイルランド自治議会の議事堂だった荘重なアイルランド銀行の隣にある古典的なビルの中にある。大人一〇ユーロ。ジェイムズ・ジョイス、サミュエル・ベケット、オスカー・ワイルドなどの作家が一室にポーズをとって並んでいるライターズ・ルームがある。

ここにはアイルランドの歴史を住居や生活用具、人形で再現したコーナーもある。歴史上の偉人や軍人が会議や事件のシーンとともに再現された部屋もある。大きな部屋にはプレスリーやモンロー、マドンナ、マイケル・ジャクソンなどの有名人、陸上のミハエル・スミス選手など国民的なスポーツ選手もいてにぎやかだ。実物大かつ精巧なので生きているように見える。急に起き上がって驚かせるドラキュラの部屋まであり、売店の隅には打ち捨てられたようにチャーチルもいた。イギリスへの怨念がちらと感じられた瞬間だった。

ジェイムズ・ジョイスとバーナード・ショー

実はダブリンに行くまで、アイルランドの文豪たちに特別の関心があったわけではない。ただ、ジェイムズ・ジョイスとバーナード・ショーの作品は多少読んでいたので、二人に関わる場所には行ってみたいと思っていた。ひとつはバーナード・ショーの生家である。バスを探して訪ねる時間がなく、タクシーに乗った。運転手も知らず、アドレスの通りをゆっくり走ってもらい、ようやく発見した。

しかし、閉館だった。閉館は九月から五月までのはずだ。八月下旬だから開館と思っていたが、スタッフが閉館前から休暇に入ったようだ。概観は平凡な建物に見えるが、室内にはショーが生まれた当時の両親の寝室や居間、音楽会が開かれた優雅な応接間などが保存されており、日本語のオーディオガイドもあるとの情報を得ていたので、残念だった。開館中だったら、音楽評論家としてのショーのルーツや、劇作品へ影響がうかがわれたかも知れない。

帰りのタクシーの中で、ドライバーと話したが、ショーのことも「マイ・フェア・レディ」のことも知らなかった。彼はルアンダ人でエンジニアだったが、失業してドライバーになったという。映画「ホテル・ルアンダ」のことは知っていた。

さて、もうひとつは、ジェイムズ・ジョイス・タワーである。彼が二二歳のときに一時滞在した海辺の砲台で、一九六二年以来ジェイムズ・ジョイス・ミュージアムになっている。もともとはイギリス軍がナポレオンの侵略に備えて一八〇四年に造ったマーテロー・タワーで、ちょうど一〇〇年後の一九〇四年からは民間人が陸軍省に家賃を払って入居している。

その最初の民間人がジョイスの友人で詩人のオリバー・ゴガティだったことから、同年八月、ジョイスは彼に招かれ、六晩をそこで過ごしている。しかし、悪夢にうなされて夜中に発砲したもうひとりの客の奇怪な行動で、ジョイスはそこを去るが、その経験が「ユリシーズ」の冒頭に

ジェイムズ・ジョイス・ミュージアム

使われている。そうした因縁から、「ユリシーズ」の出版元のシルヴィア・ビーチが一九六二年にジェイムズ・ジョイス・ミュージアムにしたのである。

その海岸サンディコーヴに行くには、都心からルアスというLRT（次世代型路面電車）に乗ってコノリー駅へ行き、そこから郊外電車DARTに乗り換え、アイリッシュ海に沿って三〇分余り走る。途中の駅名がすべてゲール語（ケルト語＝アイルランド語）と英語の併記で、二つが公用語であることを視覚的に教えてくれる。もっともゲール語は学校で習っても、日用語としてはほとんど使われていないようだ。

サンディコーヴに着き、海岸通りに下って海辺の遊歩道をしばらく歩くと、タワーが視界に入ってきた。海水浴をしている人々がいる。ジェイムズ・ジョイス・ミュージアムも九月から三月は休館である。いやな予感がしたが、大丈夫だった。今はダブリン観光局が管理しているからだ。大人六ユーロ、家族一五ユーロである。

入ったところが展示ホールでジョイスの作品や原稿、書簡、愛用のギター、ステッキ、トランク、サミュエル・ベケットやシルヴィア・ビーチへの贈り物などがある。その奥は砲台の一階で仕事部屋・食堂、二階にはハンモックを吊るした寝室が再現されていた。屋上に上ると海風に旗が翻っている。ここに大砲が据えられていたのだと実感する。海上ではヨットレースが行われていた。司馬遼太郎さんが、「街道をゆく」の取材でここに来た一九八六年か八七年の四月当時は、開館は五月から九月だったので、入ることができなかった。そこで負け惜しみからか、「展示すべきものがあるのだろうか」と書いている。

4 ストラスブール
――最新型路面電車ＬＲＴの街

一九八九年に研究仲間とストラスブールを訪れたのは、ヨーロッパ評議会でのヒアリングが目的だった。フランスとドイツの間で揺れ動いた歴史をもつストラスブールはヨーロッパ和平の聖地となり、ヨーロッパ評議会が置かれたのである。しかし、そのとき市内はあまり見ていない。仕事が済むと、ほどなくパリへ向かったからだ。

二〇〇七年は別の目的があった。昨今のストラスブールは、一九八九年には復活していなかった路面電車を中心とした都市交通システムで知られており、それを見たかった。パリ東駅から新幹線ＴＧＶに乗り、田園風景を楽しみながら、ストラスブールに近づく。

駅も巨大なガラス張りのドームに変わっていた。ＴＧＶ運行でストラスブールはヨーロッパ内新幹線網のキー駅を約束されている。いくつかの河川が合流するヨーロッパ地区には、超現代建築のEU議会やヨーロッパ人権裁判所などがある。

大聖堂の展望台から眺めた都市景観は素晴らしかった。世界遺産の旧市街は赤や褐色の家並が広がり、凝縮された歴史と文化を目に焼きつける。そこをLRT（次世代型路面電車）のユーロトラムが走っている。近年、欧米諸都市では、路面電車復活による中心市街地の活性化、都市環境の改善が注目されているが、ストラスブールはその代表格なのだ。

今日のストラスブールは人口約二七万、都市圏人口は約四六万である。モータリゼーションに押され、一九六二年に路面電車が廃止された。その後、交通渋滞、交通事故、大気汚染といったクルマの弊害が顕著となった。路面電車を復活したのは、一九八九年市長に就任したトロットマン女史だった。

彼女は市民と協議し、合意をとりつけて一九九四年にA線を開業した。現在はE線まで路線網が広がっている。LRTは従来の路面電車よりも機能と快適性において格段の進化を遂げている。車軸をなくした低床式のバリアフリータイプで、ガラス窓を大きく取り、採光性に富み、歩行者

ストラスブールの路面電車

と同じ目線で街の景観を楽しめる。

ストラスブールのＬＲＴは、緑を中心とした流線型のボディで、車内は植物をイメージしたやさしいデザイン、内輪と外輪の間にゴムタイヤを入れ、レールの周りにも消音効果の大きい合成樹脂をはめ込んで、騒音を少なくしている。中心市街をトランジットモールにし、クルマとバイクを締め出し、にぎわいと安全を取り戻している。

さらに特筆されるのは、ＬＲＴ導入と同時に中心駅や歴史的広場を修景し、大学前の駐車場を歩行者と自転車の専用道とＬＲＴのホームにするなど、街のデザインを変え、都市全体のアメニティと景観の向上をもたらしたことである。優先信号システムや軌道内緑化、郊外のパーク・アンド・ライド用駐車場、自転車道の整備、都心部通過交通の排除など、交通施策が見事なパッケージになっている。

5　オスロ
――歩いて楽しいムンクの街

オスロは宝石のような都市だった。ノルウェーの人口は約五〇〇万。その一二％がオスロに住んでいる。首都といっても六〇万、都市圏人口も一〇〇万に満たない。しかし、歴史と文化には深い味わいがあった。

空港から市の中心部までバスでわずか二〇数分だった。翌日、市庁舎で分権化についてヒアリングを受ける前に、〝市庁舎ツアー〟をしてくれるという。英語の堪能な女子職員が美術館のような市庁舎を解説しながら案内してくれた。

港に向かって建つツインタワーの赤レンガの市庁舎の外観、外壁の彫刻や彫像も見ごたえがあったが、素晴らしいのは、内部の大小のホールや会議室、議場、結婚式場の壁や天井を飾っている絵画や壁画だった。ノルウェーの代表的画家であるエドワルド・ムンクにちなんだムンクの部屋もある。

絵画、壁画はすべてノルウェーが生んだ芸術家によるもので、古代から現代に至るまで多彩、多様に表現されている。とくに、さまざまな儀式やコンサートの会場にもなる中央大ホールの巨大な壁画は、ヘンリク・ソーレンスン作だが、圧巻だった。全体が市民美術館といっていい市庁舎だった。

さて、ノルウェーといえば、やはりムンクである。オスロ

ツインタワーのオスロ市庁舎

には、一九六三年のムンク生誕一〇〇周年にオープンしたムンク美術館がある。ここはムンクの絵画の半分以上の約一一〇〇点、すべての版画作品約一万五五〇〇点そのほかが収蔵されているムンク作品専用の美術館である。

わが国では、どちらかといえば、ムンクは北欧の冬を思わせる暗さと、いくぶんかの狂気を含んだ画風で知られているようにも思われる。例の「叫び」や「死と乙女」「病室での死」などの、絶望や不安、苦悩を表現したような作品が有名だからだろう。

しかし、ムンクは洒脱、軽妙な作品も含め、さまざまなテーマとスタイルの作品を数多く残している。シリアスな作品だけではなかったのである。全体としては、ノルウェーの国民的な大画家だったといってよい。一九四四年に八〇歳で亡くなっているが、その前に膨大な油絵、水彩、デッサン、銅版、リトグラフ版、木版、グラフィックなどの作品と著書、手紙などをオスロ市に寄贈している。

ムンク美術館では、そのうち五〇〇点くらいが展示され、逐次、展示替えされているようである。地下一階、地上一階の広い空間にゆったりと展示されている。五歳で母を、一四歳で姉を同じ結核で失い、自らも結核にとりつかれ、転地療法を繰り返した。絶望や不安、不信をテーマにした作品が多いこともうなずける。

二〇〇四年、「叫び」と「マドンナ」が盗難に遭い、二年後に取り戻され、修復の上、再展示されたことも印象に新しい。

実は美術館が夜の八時まで開館していることを確認し、先にミュージアムレストランに入った。もちろん、〝ムンクスペシャル〟を注文する。肉のシチューが主菜である。それと赤のグラスワインを注文する。ムンクゆかりの写真や新聞記事などが壁を飾っていた。

6　ソルトレイク
――広大な小都市

ソルトレイク・シティはユタ州の州都だが、人口が二〇万に満たない〝小都市〟なので、ポートランドからの直行便はなく、デンバー経由だった。デンバー国際空港はアメリカ有数のハブ空港だ。海抜一六〇〇メートルなので、マイル・ハイ・シティと呼ばれる。日本のマラソン選手もよく高地トレーニングで訪れる都市だ。

一時間半余りでソルトレイク・シティへ。二〇〇二年冬

山に囲まれたソルトレイク・シティ

季オリンピックの開催地だ。砂漠の中の都市だが、周囲は山岳地帯で、市街地から二〇～三〇分で世界一の雪質のスキー場に行けるというスキーヤーにとっては絶好のロケーションである。

ソルトレイク・シティといえば、NBAのユタ・ジャズの本拠地としても知られるが、一般的にはやはりモルモン教の総本山の存在が大きい。全世界に一〇〇〇万の信者をもつといわれるモルモン教のテンプルスクエアには、六つの尖塔がある神殿や大聖堂、博物館、美術館などがあり、ビジターセンターでは各国語を話す信者たちが世界中からの来訪者に対応している。宗教施設には違いないが、特別の都市観光資源のないソルトレイク・シティでは、主要な観光施設でもある。モルモン教徒の比率は、ソルトレイク・シティなど都市部では市民の約半数だが、町村レベルでは八割にも及ぶ。

道路構造はポートランドと同様、格子型だが、斜面は少なく、面積ははるかに広い。とくに道路が広いのに驚く。高いビルは多くなく、都市全体が平面的な広がりをもっている。この道路の広さは、昔、迫害を受けたモルモン教徒一万五〇〇〇人が東部から幌馬車三〇〇〇台、牛三万頭を引き連れてグレート・ソルトレイクにたどり着いたことと関係があるといわれる。四頭だての幌馬車がUターンできるだけの道路の広さが求められたというのだ。

ユタ大学のキャンパスの広さ、図書館の充実、ジムにも驚いた。図書館のメインはマリオット図書館で蔵書約二七〇万冊。アメリカでは各州の代表的な大学図書館に政府公文書が一式収蔵されるシステムになっている。ユタ州ではもちろん、ユタ大学だ。ここの学生はワシントンに行かなくても政府公文書を過去に遡って自由に閲覧できる。マリオットはユタ出身の著名人で、世界各地にあるマリオットホテルは彼が創業したものである。

大学のジムにも驚いた。マリオット図書館に近い体育館は半分が一般学生用のジムで多数の器具があり、あと半分は屋内テニスコート二面とバスケットボールのコート一面（地階にシャワールーム）だった。こうした体育館がいくつかあり、このほかに選手用の高度なジム、各寮付設の簡単なジムもある。アメリカではこれが普通で、ユタ大学が特別ではないらしい。体育館でユタ大学の先生とテニスを楽しんだが、日本の大学にこの五分の一の施設があったらとうらやましかった。

ソルトレイクは基本的にはクルマ社会だが、路面電車とバスがある。路面電車はダウンタウンからユタ大学に通じており、学生、教員は無料となっている。都心にもユタ・バスの無料ゾーンが設定されている。宗教都市で治安がよく、大学進学率も高い。日本人、アジア人の留学生も多い。

アルコール規制も厳しい。市内スーパーではもちろん、デパートでもアルコール飲料は売っていない。ユタ大学の日本人留学生とアフガニスタン料理店に入ったが、残念なことにアルコールを扱っていない店だった。アルコールを出す店もあり、出さないが持ち込み可の店もある。調査不足だった。もちろん、各種アルコール飲料を置いているリカーショップがあり、成人はそこで買うことができる。

ユタ州は政治的にはいわゆるレッド・ステーツで、共和党支持者が多い保守的な州として有名である。それでもブッシュの超保守政治は不評のようだった。モルモン教徒は禁酒禁煙、コーヒー、コーラなどの刺激物も飲まない。人工中絶、同性愛、婚前交渉、麻薬、ギャンブルも禁じられている。

そのせいかどうか、早婚、多産で学生結婚も多い。学生の多くは学費や生活費のために午後、パートなどで働いている。そのため、授業は午前中主体で、午後のキャンパスは閑散とする。先生も午後は会議や研究、帰宅となる。知り合いの先生は毎日のように、ジムでテニスを楽しみ、その合間に会議に出席という。これもうらやましい限りだった。

ユタからの帰途はシスコ経由だった。飛行機はソルトレイク上空から荒涼としたユタの鉱山地帯、広大なソルトレイク（塩湖）を超えて、ネバダ州の砂漠を延々と飛びつづけ、シスコ郊外の住宅地に差しかかり、高度を下げていった。ゆったりと区画整理された住宅地は美しい光景だった。

7　ポルトガルの街を歩く
――二冊の本に導かれて

ポルトガルへ行くといったら、従兄が二冊の本を貸してくれた。喜多迅鷹さんの『珍酡の酒』（弥生書房、一九八〇年）と、フェルナンド・ペソア『ペソアと歩くリスボン』（近藤紀子訳、彩流社、一九九九年）である。喜多さんの本は、ポルトガルスケッチ紀行というサブタイトルが付けられている。喜多さんは変わった経歴の持ち主で、東大法学部を卒業して教員になったが、学園紛争後、教職を去り、突如画業に転進された方である。

『珍酡の酒』はリスボンのみならず、ポルトガル各地を訪れ、観察や印象を洒脱な短文にまとめ、スケッチを添えて一冊にしたものである。街の様子や人々の表情が味わい深く、豊かにとらえられている。〝珍酡の酒〟は、北原白秋の『邪宗門』からとったもので、ポルトガルの赤ワイン

モンデーゴ川とコインブラ市街

のことだ。「ちんた」と読み、ちなみに喜多さんの名前は「としたか」と読む。旅行中、ずっと携えていた。

スケッチは眺望した場所が添えられているので、ときどき確認、追体験することがあった。たとえば、かつての首都で大学都市のコインブラ大遠望のスケッチには、ホテル・アストリアからと書かれていた。実は偶然、同じホテルに泊まったので親近感を覚えた。ただ、筆者の部屋は反対側のモンデーゴ川に面していたので、同じ景観は見られなかった。しかし、ホテルの前のサンタ・クララ橋からのスケッチは追体験できた。

ヨーロッパ大陸最西端のロカ岬は風が吹き荒れ、絶壁から見下ろす大西洋は、スペインなどの圧力から海に向かうしかなかったポルトガルの歴史を想起させた。記念碑には詩人ルイス・デ・カモンイスの「ここに陸尽きて、海始まる」の言葉が刻まれている。喜多さんはここでシントラ観光局発行の最西端到達証明書をもらっているが、筆者はバス時間の都合で買っていない。

ポルトガル第二の都市であるポルトでは、エンリケ航海王子広場で王子の像をスケッチしていたときに、貧しい少女に財布をすられそうになったと書いている。大航海時代初期に探検航海を組織、指導したエンリケ航海王子は、五〇〇回忌を記念して一九六〇年にリスボンのベレンにモニュメントが建造され、船の先頭に雄姿が再現されている。

喜多さんの本の半分余はリスボンに関する文章とスケッチだが、リスボンを歩くには、ポルトガルで二〇世紀最大の詩人といわれているフェルナンド・ペソアの『ペソアと歩くリスボン』が貴重なガイドブックだった。

ペソア（一八八八～一九三五年）は不思議な人物で、さまざまな会社を転々としながら、前衛芸術運動を行ったが、生前に刊行されたのは詩集一冊だけで、世に認められることはなかった。しかし、死後、未発表の原稿やメモが大量に発見され、その中に出版を待つばかりのリスボン・ガイドブックの原稿があった。原稿の完成は一九二五年と推定されている。

だから、記述内容は一九二〇年代のものだが、街並みや建造物はほとんど変わっていないので現代でも違和感なく、携えて歩けるのである。広場や教会、修道院、博物館、美術館、公園、展望台、図書館、新聞まで詳細に紹介されている。筆致は愛国心にあふれているが、これは、外国人の目に映るポルトガルの地位を高めようという目的に発していたからだ。

ペソアは「隣国のスペイン人を除けば、ポルトガルとは、ヨーロッパのどこかにある何だかよく分からない小さな国

ドウロ川とポルト市街

である。往々にして、スペインの一部と思われている節すらある」との認識をもち、誤解や無理解をただそうとした。内容は一般の読者を想定した簡潔、平明な文章で、ポルトガルとリスボンの文化遺産の賛美に貫かれている。冒頭のリスボンの表玄関でリスボン最大の広場であるコメルシオ広場の記述も詳細で明快である。

ペソアが晩年を過ごした家は、一時荒れ果てていたが、現在、フェルナンド・ペソア博物館としてよみがえっている。展示スペースや図書室、幼少期や家族の写真もあるペソアの部屋のほか、会議室や多目的ホールもある。

死後、認められ、国民的詩人となったペソアの座像が、カモンイス広場のカフェ、A Brasileira の前にあり、人気を博している。この広場の名前はロカ岬の碑文の作者、ルイス・デ・カモンイスからきており、中央には彼の像がある。ペソアの座像には毎日たくさんの人が触れ、一緒に並んで写真を撮ったりしている。

カモンイス広場のペソア像

8　ソウルの清渓川

よみがえった都心の河川

　一度埋め立てられて道路になり、その上に高架道路まで被せられた川が、よみがえったソウル都心の清渓川（チョンゲチョン）。一度訪れてみたいと思っていたところだ。数年前の夏、釜山で会議があったのを好機に、新幹線ＫＴＸでソウルへ向かう。三時間弱の旅は揺れも少なく、途中の見晴らしもよく、すこぶる快適だった。

　翌日、ホテルから繁華街の明洞（ミョンドン）まで歩き、そこを抜けて、大漢門前で衛兵の儀式を見る。せっかくなので並んで入場券を買い、徳寿宮を見学する。韓国の伝統文化が匂い立つようだ。再び、通りに出て、夏の暑い陽射しを避けながら、東亜日報ビルを目指して歩く。清渓川は

よみがえった清渓川

そのビルの足元からスタートしている。

日曜日ということもあり、清渓川はかなりの人出だった。導水された水が噴出し、小さな滝になっている川のスタート地点から百メートルほどの川床は浅く、安全が確保されているので、子供たちが水遊びをしている。大人たちも足を流れに浸して涼んでいる。橋の下は絶好の涼み場所で、カップルがくつろぎ、本を読んだり、絵を描いている人もいる。

夜はライトアップされ、水面の上に吊るされたさまざまなスケールにも光の演出がなされ、新たなにぎわいのスポットになっている。都心にこうした貴重なリバーフロントを再生させたことは、都市政策の観点からも評価される。

河川環境はよく工夫されている。置石で両岸から行き来ができ、子供にはちょっとした冒険の場所だ。下流になるほど、植生が豊富になり、本格的な自然観察や岸辺の散歩が楽しめる。素朴な都市河川だった頃の写真や、交通渋滞の高架道路の写真なども壁面に埋め込まれていて、往時を偲ぶことができる。

橋の下の空間を利用したギャラリーもあるし、復元された清渓川に寄せた二万人の絵タイルもはめ込まれている。楽しく設計された遊び心いっぱいの噴水もある。二〇余りの橋の大部分を占める新しい橋はそれぞれユニークなデザインで造られ、古い橋もリフォームされて、景観が配慮されている。「マディソン郡の橋」ならぬ屋根つきの橋もある。高架道路の橋脚三本はあえて撤去せず、河川復元の意味を振り返るために残されている。

総延長は八・一四キロメートル。自然河川でもあり、人工河川でもあると説明されているが、本来の水流は半世紀もの暗渠化で枯れたため、大河・漢江の水と地下水を引き入れて流し、また漢江に戻している。維持費は年間二億円以上といわれる。この大プロジェクトを実現したのは当時ソウル市長だった李明博・前大統領である。

いわば人工水路であり、上中流右岸の問屋街の移転も進まず、当初の都心活性化、都市再生効果が生まれていないという批判もあるが、これだけのリバーフロントの再生は率直に評価されるべきだろう。何よりも市民のレクレーションゾーンになっているし、夏でも水温二〇度と周辺の熱環境を緩和し、風の通り道になるなど、都市のヒートランド現象を和らげている効果はなにものにも代えがたい。

復元工事はソウル市総合開発計画に位置づけられ、二〇〇三年七月から二〇〇五年九月の短期間で行われている。その工事、復活の過程は下流の清渓川文化館に展示されている。ここではさまざまな企画展もあり、都市の過去・現在・未来を学ぶ場となっている。汗をかきかき、清渓川沿いを歩きながら、東京の無残な日本橋やドラマでしか再現できない数寄屋橋界隈に思いをはせざるを得なかった。

再生のプロセス

韓国では公共事業などをめぐる社会諸集団間の利害調整のことを葛藤管理という。李明博前大統領がソウル市長の時に実現した清渓川（チョンゲチョン）の復活過程を記した黄祺淵ほか『清渓川復元』（日刊建設工業新聞社、二〇〇六年）を読むと、実に精力的かつ着実に難しい問題を処理したかが分かる。

かつてソウル中心部を流れていた清渓川が、汚染され、暗渠化されて道路に変わり、なおその上を自動車専用道路が覆っていた頃、清渓川復活を望む声は多かったが、実際に可能と思う人は少なかった。しかし、李明博は市長選を前にその可能性を探っていた。

そして、同じ夢を抱いていた専門家グループを知り、彼らと共同で何回もシンポジウムを開催し、復活の意義や技術的問題、実現可能性を検討した。その結果、安全問題、環境保全、歴史と文化の回復、地域活性化等の観点から、清渓川の復活には意味があり、世論の支持が得られ、技術的にも可能と判断し、市長選公約第一号に掲げたのである。

彼は市長職務引継委員会を構成するに当たり、清渓川関係の専門家を多数スタッフにして、それまでの研究成果と政策検討をもとに復元事業の青写真を作った。さらに市長就任と同時に復元事業専管組織「清渓川復元事業本部」を立ち上げ、研究組織として「清渓川復元支援研究団」を発足させた。また、事業推進に関わる専門性の補完と市民の意見聴取などを担当する「清渓川復元市民委員会」もスタートさせた。これらの組織に大幅な権限を委任し、あらゆる懸案事項を迅速に処理できる体制を整えたのである。

清渓川の周辺には六〇〇余の団体と機械、金属、衣料などあらゆる業種の店舗六万余の大商業圏が形成されており、二二万余名の商業者がいて利害が複雑に絡み合っていた。彼らの協力、合意が不可欠であり、移転、保障などの「葛藤管理」が精力的に進められた。李市長は時代を見据え、諸資源を動員し、予算化し、難題をクリアしたのである。

9　韓国・江陵

――蓄音機博物館

二〇〇四年八月、日韓地方自治学会研究交流会が韓国・東海岸の江陵（カンヌン）市であった。国内線専用になったソウルの金浦空港から小一時間で襄陽（ヤンヤン）空港、さらにリムジンバスに乗って四五分で江陵市着。バスターミナルからは高層モダンな市庁舎が見えた。

研究会のテーマは「スポーツと地域振興」で、「冬のソナタ」のロケ地になった龍平リゾートなど、豊富なウィンターリゾートを抱える江陵市が、冬季オリンピック開催地を目指していることと関係していた。

江陵市は人口二三万の観光文化都市で、文化資源も見応えがあった。五〇〇〇ウォン札の表の肖像画になっている韓国を代表する学者・政治家の李珥（イイ）先生の生家、烏竹軒には歴史と文化の香りがあった。この朝鮮王朝初期の木造住宅は同じお札の裏面を飾っている。

朝鮮王朝中期の支配階級、両班（ヤンバン）の邸宅である船橋荘は、蓮が密生した広い池の周囲に多数の建物が配置され、往時の生活を想像させた。現在も子孫が暮らしている一郭があり、庭にはキムチ用の大きな甕がいくつも置かれ、さるすべりや国花のむくげの花が咲いていた。

しかし、最後に見学したチャムソリ・エジソン蓄音機博物館は出色だった。個人の収集だが、世界唯一かつ最大の蓄音機博物館で、エジソンが一八七七年に発明した蓄音機をはじめ、世界一六ヶ国で造られた蓄音機約四〇〇〇台を保管展示している。

韓国の伝統的建築（徳寿宮）

本場のアメリカ・エジソン博物館も及ばない種類と規模で、ラジオやテレビ、映写機、マイク、電話機、冷蔵庫、アイロン、ミシン、オルゴール、人形、自動車まで展示されている。最新のオーディオルームで鑑賞した三大テノールは圧巻だった。三人の競演はもちろん、パヴァロッティとポピュラー歌手の「オー・ソレ・ミオ」も素晴らしかった。地方都市のユニークな博物館だ。

10　ソウル
――東京と相似形の都市

二〇〇八年夏の夕方、ソウルの繁華街ミョンドン（明洞）をぶらついていたら、パブの入口の大型テレビに人が群がっていた。のぞくと北京オリンピック野球のキューバ・韓国戦の最中だった。しかも、二対一で韓国がリードしている。

結局、韓国がリードを守り、金メダルに輝いてソウルの夜に大歓声が上がった。翌日は飲み屋の大型テレビで女子テコンド決勝戦を放映しており、国民的人気の選手が勝ってまたまた拍手喝采だった。

ソウルの裏通り

国民の二割が集中しているソウルは活気があった。都心には斬新なデザインの高層ビルが林立している。しかし、都心からわずかに離れた場所では、日本の昭和四〇年代風の都市風景も観察された。ダンボールを集めるリヤカーのおじさんが定期的に回ってくる。素朴な店構えの通りがつづき、屋台で甘栗や果物を売っている。

ソウルには地下街が多い。大きな交差点には横断歩道がなく、地下で連絡されている。地下の商店街はにぎやかで、地上では見かけない公衆トイレも地下にはある。ただ、地下に降りるのは階段だけでエスカレーターやエレベーターはほとんどなかった。バリアフリーはソウルの緊急の課題に違いない。

交通費は日本に比べてかなり経済的だった。地下鉄の初乗りも一〇〇〇ウオンで約一〇〇円。ホテルから金浦空港まで四〇分乗っても一三〇〇円だった。タクシーも三〇分走って七〇〇〇円と安い。

地下鉄の座席は金属かセラミック製で日本のように柔らかくはない。電吊り広告はなく、側面の広告も少ないので車内風景が簡素で清潔な印象がある。一方で私的な商売をする人が次々と乗り込んでくる。商品の宣伝をし、多少売っては降りて行く。

チラシを配って床に座り、何かを強く訴えている人もいた。ひとしきり話して、チラシを回収して別の車両に移っていく。カンパをする人もいた。日本ではあまり見かけない光景だ。吊革の輪で体操をしている大人もいた。

近年の韓国の経済発展はめざましく、表層の都市風景、都市風俗は日本と変わらないように見えた。街並みにコンセプトがなく、雑然としているのも、裏通りは電線電柱が我が物顔であるのも、看板が氾濫しているのも東京と同じだった。ミョンドンは池袋や新宿とそっくりだ。

珍しく韓国風のスターバックスを見たときはなるほどと思った。京都や高山の景観行政を連想させた。似ているように見えても、よく観察すれば、さまざまな相違はあるだろうが、地方制度や選挙制度、男女の機会均等などで、日本の先を走っている韓国が都市風景、都市風俗では双子のような顔を見せているのが意外だった。

コラム4

リヨンの街並み再現

箱根に行った機会に、星の王子さまミュージアムをのぞいて見た。学生の頃、サン＝テグジュペリの『夜間飛行』や『人間の土地』を愛読したことを思い出した。ミュージアムはよく工夫されていた。生家を模した玄関が展示ホールの入口になっており、階段を上ると、母方の祖母のお城で送った恵まれた幼少時代から晩年までがさまざまな家具調度や書籍、写真、資料とともに展示されている。

砂漠の中継基地宿舎なども再現され、映画のセットのような一角もある。本人が出る短編映像もあれば、行方不明時の飛行機と同型のＰ-38ライトニングまである。もちろん、世界各国で出版された『星の王子さま』もズラリと並んでいた。外の教会の前には『星の王子さま』の登場人物がストーリーに即したスタイルで並んでいる。

ミュージアムに関心をもったきっかけは、彼が子供時代を過ごした1900年代リヨンの街並みが再現されているという情報だった。だいぶ前にリヨンを訪れたことがあるが、旧市街のソーヌ川沿いは赤い屋根が続く美しい街並みだった。

そのときは新幹線（TGV）でパリに向かったのだが、郊外にはサン＝テグジュペリ国際空港がある。2000年のサン＝テグジュペリ生誕百年祭を記念してリヨン空港から改称されたのだ。彼がリヨンにいた期間は短いが、リヨンでは有数の有名人のようだ。

入園口を入ると『星の王子さま』にちなんだ名前の通りや広場が配されていて、ミニサイズだがそれなりの街並みが再現されていた。1900年代はこうだったのだろう。

最後にパリのカフェがモチーフのル・サンジェルマン・デ・プレでコーヒーを飲む。地味だが重厚ではない店内も当時の空気を伝えていると想像すれば風情があった。コーヒーも当時の入れ方というが、これも歴史への共感とともに味わうものであろう。

彼は無理やり偵察飛行隊に復帰して、ドイツ軍に撃墜されたのだが、予期していたことのように思えてならない。撃墜したドイツ兵も有名な彼が操縦していたことを知っていたら、撃たなかったといっている。謎めいた彼の人生は謎のまま終わったが、伝説としては完成したのかも知れない。

6 都市の再生とアメニティ

1 ダブリンのテンプル・バー
――魅力的な再開発エリア

二〇一一年八月下旬にダブリンを訪れた。ホテル・テンプル・バーに六泊した。ホテルがあるテンプル・バー地区は市内を流れるリフィ川の南岸沿いに広がる再開発地域である。歓楽地のような語感があるが、そうではない。土地を所有したイギリス人高官テンプルの名前に由来し、バーもいわゆるバーではなく、河口や砂州、川沿いの道といっ

再開発されたテンプル・バー地区

た意味だ。辞書を引くと、確かに bar にはたくさんの意味がある。

この一郭を毎日歩いた。パブやレストランも多い。有名なオリバー・セント・ジョン・ゴガティーズは一階と二階がパブ、三階がレストラン、夕方はライブでにぎやかだ。いつも大きな旗が風になびいている。ここのアイリッシュ・シチューは美味しいが、量が多すぎた。気に入ったのは、QUAYSというパブレストランで、一階はライブでにぎやかだが、二階はジャズが流れ、天井にはレトロなファンがゆっくりと回る落ち着いた雰囲気だった。カウンターで席を待ちながら、ギネスビールやワインを飲めるのもいい。料理は繊細で美味しく、適当な量のメニューが選べた。

新旧の映画を上映する映画館（スクリーン三つ）と映画関係のブックショップ、レストランなどがあるアイリッシュ・フィルム・センターもある。映画祭や各種イベント、セミナーも催されている。ここでジョン・フォード監督、ジョン・ウェイン主演の「捜索者」（The Searchers, 1956）を見た。ジョン・フォードはアイルランド系なので人気がある。白人史観の強い西部劇だったが、拍手喝采だった。

写真などさまざまなアートのギャラリー、スタジオ、アーカイブ、シアター、カルチャーセンターの類もある。このテンプル・バーは、ロンドンのコベントガーデンやパリのレ・アルのように、ファッショナブルで文化的な施設、業種が集中しており、アイルランドおよびダブリン文化の発信地となっている。観光客や市民でいつもにぎわっており、今日のダブリンはテンプル・バー抜きには語れないといってもいい。

しかし、この地区の再開発はそう古いものではない。一八世紀初頭、ここには税関で検査を受ける荷物を保管する倉庫が立ち並んでいた。商店や酒場、宿も密集してにぎやかだった。ところが、一八世紀末に税関が移転されると、倉庫や店舗は閉鎖され、住民も去り、地区は寂れてスラム化した。

一九六〇年代に土地の大部分の所有者だったCIE（交通公社）は、ここにバスターミナルを建設する計画を立て、関連の土地買収にかかった。しかし、経過的に取得していた建物を短期契約で安く賃貸したところ、芸術家や手作りショップなどが集まり、独特の文化的味わいをもつ一郭に変貌していった。やがて住民からバスターミナル建設計画の中止運動が起こり、CIEは一九八五年に中止を決定した。

こうしてテンプル・バーは、ファッショナブルで文化的、お洒落な地区に生まれ変わったのである。写真に見られるように、石畳の古い通りにも花が飾られ、落ち着いた街並みだが華やかさがあり、歩いて楽しい空気に満ちている。ここからほど近いリフィ川の北岸にも四、五階に高さが揃えられた街並みが続き、川面にそれが鮮やかに映じている。もちろん、電線や派手な看板はない。リフィ川の北岸には遊歩道とベンチがあり、午後や夕方には散歩や会話を楽しむ人々でいっぱいだ。

アイルランドは人口約四五〇万の小国だが、ダブリンはかつて大英帝国第二の都市だった歴史と文化、風格があると思った。人口一〇五万（二〇〇六年）で首都集中率が高いが、首都圏人口は一六六万で三〇％以上の集中である。それでも素朴で居心地の良さを感じさせるのがアイルランドらしいところだ。

2 ポートランド
——歩いて楽しいコンパクトシティ

オレゴン州のポートランドは、人口五〇万余の中堅都市だが、最近、話題になることが多い。以前から自然の豊かさと都市機能が調和した美しい都市として知られ、バラの都ともいわれている。事実、郊外のワシントンパークには、五六〇種一万株ものバラが咲き誇るバラ園（アメリカでもっとも古いバラの試験場）がある。

話題というのは、一九九〇年代の都市圏成長管理政策の成功例となったからだ。アメリカでは、一九八〇年代からサンフランシスコやボストンなどで、市場の論理や経済成長に任せた都市の高層化、肥大、成長よりは、都市生活の質を保つための開発の抑制や誘導、つまり成長管理政策を展開している。

オレゴン州ではポートランドが最大の都市で、ニューヨークやシカゴのような大都市を抱えているわけではないが、以前はポートランドを中心に都市圏の肥大と投資の偏在が生じ、都市問題が深刻化していた。そこで州とポートランド市と都市圏政府（メトロ）が協力して成長管理政策を進めたのである。

その主な手法は市街地の土地利用をより高密でコンパクトにすることだが、それとＬＲＴ（バリアフリーの次世代型路面電車）など公共交通政策によって、交通渋滞などの混雑現象がかなり緩和された。

いつも空港に着くとＭＡＸ（Metropolitan Area Express）に乗るが、この電車は市街地に入ると路面電車のスピードにダウンする。郊外電車と路面電車を結合した好例である。空港から都心まで、約四〇分、一ドル四〇セントと経済的だ。市街地を過ぎるとまたスピードアップする。

現在、このＭＡＸが三路線あり、これと都心を循環している路面電車（ストリートカー）とバスを使えば、移動に

ポートランドの中心街

不便はない。さらに都心部には電車、バスを含めた無料ゾーンが設定されており、環境改善とマイカー利用の抑制効果をもたらした。

市街地の道路は格子状でコンパクトにまとまっている。歴史的建造物とデザインの優れた近代的ビルとの調和もよく、歩いて楽しい街だ。ホテル、劇場、映画館、美術館、博物館、歴史センター、広場などが利用しやすく、大規模ではないがたくさんの公園がある。ポートランド州立大学も公園の延長にキャンパスが広がっている。

とくに大河ウィラメット川沿いの細長い公園、ウォーターフロントパークは、散策やスポーツを楽しむ人々でいつもにぎやかだ。サーモンストリートから公園に入ったところにある噴水は、時間差で噴水の水量や角度、組み合わせが多彩に変化し、水遊びする子供たちの人気スポットだ。大人もいっしょに楽しんでいる。

大学前の公園では近郊農家のさまざまな農産物や蜂蜜、ハーブ、お菓子、パンなどが並ぶ青空市場が開かれていた。ブラスバンド演奏や子供の遊び場があり、にぎやかだ。二〇種類ものトマトの品評会もあった。少しずつ試食して、一覧表に味をチェックする。だれでも気軽に参加できる。

映画祭やジャズフェスティバルも定期的に開催される。ジャズは市内の主なホテルも会場になる。会場を歩いてハシゴできるのがいい。コンパクトシティならではだ。投宿したホテルも会場のひとつでラテンジャズをやっており、宿泊客にはワインサービスがあった。

夏の夕べ、ウィラメット川のクルーズ船、ポートランド・スピリットに乗り込む。上流は森林と農地の間に別荘が点在し、のどかだ。魚料理と白ワインを楽しむ。三時間ほどして戻ってくると橋のたもとからしゅるしゅると花火が上がった。デッキでワインを片手にしばし、夜空と川面に揺らめく花火を眺め、旅情に浸る。

3　ウィーン
――世界一住みよい都市

ニューヨークに本拠地をもつ組織・人事コンサルティング会社マーサーは毎年、環境、治安、公共サービス、インフラ、娯楽などのデータからポイント加算式で集計した世界都市ランキングを発表している。ニューヨークのスコアを一〇〇として各都市のスコアを算出したものだ。

二〇〇七、二〇〇八年度はスイスのチューリヒが一位だったが、二〇〇九年度は世界二一五都市中、ウィーンに最も高い評点一〇八・六が与えられた。ウィーンがその当時は、世界一住みよい都市、世界一生活の質の高い都市ということになった。ちなみに一〇位までは、チューリヒ、ジュネーブ、バンクーバーとオークランド（同点）、デュッセルドルフ、ミュンヘン、フランクフルト、ベルン、シドニーとなっている。

イギリスはロンドンが三八位、バーミンガムとグラスゴーがともに五六位、アメリカ都市の最高はホノルルの二九位で、サンフランシスコが三〇位、ニューヨークは四九位だった。日本は東京が三五位、横浜が三八位、神戸が四〇位である。

この統計は、生活環境指数の結果から厳しい地域で働く派遣者とその家族に支払うハードシップ（困難）手当算出のデータともなっている。都市ごとの個別レポートが作成されており、有料で提供されている。ちなみに最下位は一九・六点のバグダッドだった。

一位に輝いたウィーンがどれだけ住みよい都市であるかを探索したテレビ番組を見た。二〇〇九年一一月に放映されたTBS系の「芸術が踊る都ウィーン・華麗なる謎解き大紀行」である。木村佳乃と黄川田将也がウィーンの街を歩き、人々の声を聞き、ウィーンの魅力に迫っていた。

歩行者専用のグラーベン通り

ウィーンフィルのコンサートマスターは、ウィーンはちょうどいい大きさの街で、自宅の居間のようだという。その日本人の奥さんは、街並みが美しく、心の安らぎを感じる、ウィーンの人たちは心に余裕があるという。若い日本人のバリトン歌手、甲斐栄次郎さんは、職場である国立オペラ座まで自転車で一〇分だが、自転車道がよく整備されているので安心だという。その奥さんは、路面電車などにベビーカーを乗せやすく、緑が多く、空気がきれいで、物価も安いので子育てしやすいという。

いろいろな声が拾われていた。ウィーンには絵画や音楽など、あらゆる芸術と出会うチャンスがある。ウィーンには街をひとつにするものがある。犯罪が少ない。水道水がおいしい。公共の建物が美しい。静かなカフェにはプライベートな居場所がある、等々。

ウィーンの人たちは自分の街を誇りに思っているといわれるが、これは指揮者の小澤征爾さんがいう「ウィーンの人たちにはプライドがある」に通じるものだろう。「ウィーンは一度訪れると必ずまた行きたくなる街」は、筆者も一九八一年の初訪問以来感じていることだ。路面電車、地下鉄、バス、タクシー、レンタサイクルなど都市交通システムも世界一といっていい。

4 パリはなぜパリなのか

　パリはアメリカのシカゴやニューヨークのような計画都市ではない。長大な直線道路は少なく、直線とゆるやかな曲線からなる中小の道路が連結され、そこに大小さまざまの長方形や三角形のブロックが配置されている。その有機的かつ機能的な都市構造は人体にたとえることができるだろう。

　森や公園や広場は関節といってもいい。それら整合的な都市空間の中央部をセーヌ河が、ゆるやかにカーブしながら優しく抱くように流れている。

　パリの美しさは街を歩いてもその細部で再確認される。一九一三年の歴史的記念物保全法以来の保全と規制によって、魅力的な都市景観が守られている。フランスは外来観光客数世界一だが、それは都市景観と芸術文化が集積したパリがあってのことだ。パリは世界の大都市の中でも別格だが、その理由は多くの文学者や思想家が指摘するように、際立った美しさにあることは間違い

ルーブル宮とガラスのピラミッド

ない。

パリは数え切れないほど文学や絵画や映画に描かれてきたが、最近は「PARIS」（二〇〇八年、フランス）というタイトルの映画まで公開された。一種の群像劇で、年齢も性も階層も異なる多数の人々が登場し、生活の場であるパリが活写されている。人々の暮らしと街の息づかいが一体化している。パリという街が主役といっていい映画である。

パリは歴史や伝統を尊重する一方で、エッフェル塔やルーブル宮のガラスのピラミッドやポンピドーセンターなどの〝異物〟を吸収して新たなシンボルとしてきた。フランス文学者の鹿島茂がいうように、すべての要素が完璧にブレンドされた街に違いない。

昨今、低炭素型社会を実現するために都市構造を低炭素化する必要があるとされ、エネルギーを複数の建物で融通する「面的利用」が重要課題となっている。

その利用率がパリでは相当高いようである。パリ人は誇りが高すぎると批判されもするが、時代感覚に優れ、内部的革新に躊躇しない。パリのパリたるゆえんはそこにあるのかも知れない。

5　ロンドンのコベント・ガーデン
——都心歴史空間の保全的再生

ヒースロー空港からコベント・ガーデンに行くには地下鉄ピカデリー線に乗ればいい。切符を買うとき、戸惑った。券売機にお金を入れても反応しない。別の券売機は作動している。よくよく観察すると、釣銭が貯まらないとぴったりの料金以外は受け付けないらしいと分かった。入国したばかりの旅行者が細かいコインを具合よく揃えているとは限らないのにと、やや不満だった。一九九三年夏のことだ。

地下鉄といっても郊外は地上を走る。ピカデリー・サーカスで降りてホテルを決め、身軽になって、コベントリー・ストリートを歩いてひと駅先の劇場街レスター・スクエアに出た。ちょうど、「ジュラシック・パーク」が公開中だった。人間が恐竜に追われる怖いシーンがあるので、イギリスでは子供には見せられない映画だったと記憶する。

さらにそのひと駅先が、コベント・ガーデンで、一九七〇～八〇年代都市再生の成功例といわ

コベント・ガーデンの大道芸

れている地区である。コベント・ガーデンといえば、やはり、オードリー・ヘプバーン主演「マイ・フェア・レディ」の最初のシーンを思い出す。映画の設定は一九一二年だが、当時のコベント・ガーデンは、野菜と果物と花類のにぎやかな市場だった。

深夜に近くのロイヤル・オペラ・ハウスでオペラを楽しんだ紳士淑女が、広場を横切って馬車やタクシーを拾って家路につく。そこで汚い言葉の貧しい花売り娘イライザ（オードリー・ヘプバーン）を見かけたヒギンズ教授とピカリング大佐が、半年で言葉を矯正し、エチケットを教え込み、社交界にデビューさせることができるかどうか賭けをする。シンデレラストーリーのブロードウェイ人気ミュージカルの映画化だ。

このコベント・ガーデン青果市場が交通問題その他でテームズ対岸へ移転した後、東京都に相当する広域自治体ＧＬＣ（Greater London Council、一九八六年にサッチャー首相が廃止）の事業として、一大ショッピング・センターに生まれ変わったのである。そこで注目されたのは、地区の歴史的文化的環境を尊重し、その保全を図りながら、都心立地型産業、文化施設の誘致、都市生活機能の充実によって、多角的な再生が目指されたことである。

そのため、徹底的な住民参加が行われ、鉄とガラスの丸屋根を持つ中央市場ビルも四年をかけて構造的に補強、内部改装を加えて、多目的施設とし、多業種のテナントが入居できるようにした。居住機能も充実し、夜間人口を倍増させている。

現地を訪れると、地下室、温室、スタンド、スロープなど市場ビル特有の構造が有効に活用され、活気ある商業、ショッピング・文化センターに変身していた。ロンドン・トランスポート・ミュージアムや演劇博物館も移転、新設されている。

地区全体を歩行者空間とし、大道芸やストリートミュージシャンのメッカにもなっている。週末などはたいへんなにぎわいだ。訪れたときは、ロックや室内楽の演奏、火を噴くパフォーマンスなどへの拍手が鳴り響いていた。

6 オステンド

――小都市の豊かな歴史と文化

ベルギーの北海に面したリゾート都市、オステンド（オーステンデともいう）を訪れたことがある。ドーバー海峡を渡ればイギリスで、一八世紀にはベルギー最大の貿易港として栄えた。現在の人口は約七万。ブルージュからインターシティで一五分だ。駅に着いてレンタサイクルを借りる。一日六・五ユーロだが、保証料として二五ユーロ払う。駅前に映画祭のユニークな看板があった。

市街を抜けてビーチへ向かう。そのとき、狭い一方通行の海岸通りを猛スピードで走り去ったクルマがあった。人通りも多いのに無謀だと思っていたら、果たしてクラッシュの音が響き渡った。ランチ用に屋台で買ったシーフードを抱え、現場に行ってみると、追突して大破したスポーツカーが目に入った。けがで済んだようだったが、迷惑千万なことだ。

九月に入っていたが、海水浴をしている人たちがいた。ホテルやリゾート施設が並ぶ道路を隔てて、広い木製のテラス（遊歩道）が設置してあり、ベンチに座ってゆっくり浜辺を眺めることができる。そのテラスは沖の釣りができる場所に連絡されていて、散歩にも好適だ。こうした回遊性のあるプロムナードのアイデアは、参考になると思った。

オステンドには北海水族館があると旅行案内書に書いてあった。トドやセイウチなどの海獣もいるかも知れないと期待して探し回ったが、それらしい大型施設は見つからなかった。結局、発見したのはごく小規模な水槽だけの二階建て水族館で、小学校の理科教室に近いものだった。入館料は二ユーロで一〇分もかからなかった。どう見ても旅行

海辺に面した広い木製テラス

案内書に紹介するほどのものではない。

ベルギーの代表的な画家ジェームズ・アンソールの出身地としても、オステンドは有名だ。その住宅も公開されているが、午後四時を過ぎ、閉館した後だった。広いレオポルド公園や帆船メルカトールを先にしたためだ。帆船メルカトールは一九三二年から三〇年間、商船学校で使用された当時のまま保存され、博物館になっている。一〇五人が海上で共同生活を送り、船内には手術室もある。

小都市だが、保全された歴史と文化が都市自体の骨格となっていると感じた。壮大な聖ペトロス&パウルス教会は、ネオゴシック様式で正面の塔は高さ七二メートル、一八九六年の大火の後、一九〇五年に再建された。教会前の広場には西日の長い影が伸びていた。

7 九・一一後のニューヨーク

数年前、カナダ・ハリファックスからアメリカ・ポートランドに行く前に、ニューヨークで週末を過ごした。予約してあったブロードウエイのマリオットホテルに荷物を置き、さっそく夕方の街を歩く。ニューヨークは一二年ぶりだ。ちょうどその時分、世界貿易センタービルで爆破事件があり、周辺立ち入り禁止になっていたのを思い出す。

それから数年後、同時多発テロで二棟の世界貿易センタービルは崩壊してしまった。今回はかつてビルがあった場所、〝グランドゼロ〟を見舞い、結局訪れることができなかった世界貿易センタービルを偲びたい気持ちがあった。

グランドゼロは、金網で囲まれ、地下工事中だった。すでに三棟の高層ビル建設が決定されており、その完成予想図が掲示されていた。建築家の安藤忠雄さんが独自に構想した涙か乳房を想像させる半球状の慰霊施設がもし、採用されていたらと思った。ビル崩落の物理的ショックも大きく、道路を隔てたホテルがまだ営業できないでいるという。ホテル全体の構造的歪みを直すのに時間がかかっているらしい。今は状況が改善されているだろう。

ブロードウェイは相変わらずにぎやかだったが、ところどころに黄色いジャケットの治安協力員がいて、格段に治安が良くなっているのを感じた。以前はポルノショップが

地下工事中のグランドゼロ

多く、治安が悪かったタイムズスクエア周辺も安心して歩けるようになった。街角のスタンドからもポルノ類は一掃されているようだ。街の様子は歩いてみると肌で感じられるものだ。

九・一一を契機にアメリカは変わった。一時、ナショナリズムが高揚し、ブッシュの反テロ・タリバン戦争やイラク戦争などに利用された側面があるが、アメリカ自身を見直し、社会的連帯に向かう空気が強まった。九・一一以後の映画には、ヴィム・ヴェンダースの「ランド・オブ・プレンタィ」やクリント・イーストウッドの「父親たちの星条旗」はじめ、反戦モードの作品が多くなっている。

夜は旧知のジャズシンガーとジャズクラブ、ブルースモークへ行く。ジョージ・ケーブル・トリオとサックス。「煙が目にしみる」のアレンジが面白かった。「A列車で行こう」など魅力的なスタンダードナンバーとともに夜が更けていった。

8 もう一歩前へ

――男子小用トイレ考

不特定多数が使用する駅の男子小用トイレで、ときに目にする標語というか注意書きに次のようなものがある。「もう一歩前へ進んで下さい。いつも駅のトイレを清潔にお使いいただき、ありがとうございます」。これは東京都営地下鉄のある駅に実際に貼られていた文章である。類似のものは、公園でも行楽地のトイレでも見かけることがある。

この注意書きの真意は、前へ進んで用を足してくれないと床が汚れて困るのです。床が汚れると次の人がクツを汚さないように離れたところから用を足そうとするので、ますます床が汚れてしまいます。この悪循環を断つために最初の人から前へ進んで用を足してほしいのです、といったところだろうか。

平凡な口語文ではなく、川柳風に「朝顔にしずく云々」といった風情ある表現をしているものに出会ったこともある。しかし、いずれにしても文章による注意の喚起が主流である。外国都市を旅しているときに、文章ではない注意の喚起に遭遇して驚いたことがある。最初はイタリアのボローニャだった。

町外れの屋根つきの回廊を歩いて小高い丘の上の教会に詣でたときのことだ。広大なエミリア平原を望み、帰る前にトイレを探し、入ったら男女共用の低い和式風の水洗ト

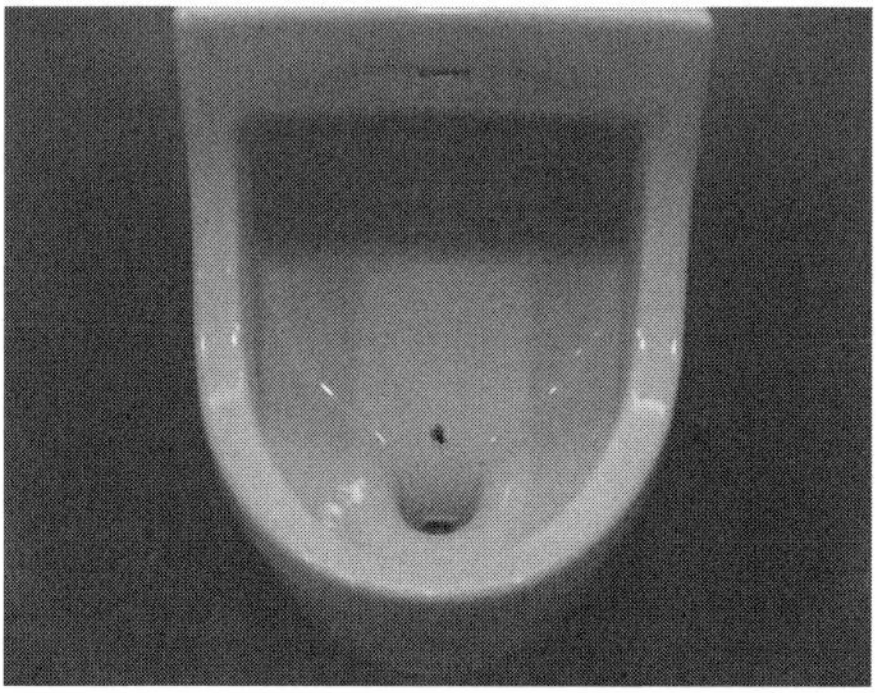

ハエがプリントされたストラスブール駅の便器

イレだった。下を見たら、ハエが止まっている！ 男子は本能的かどうか分らないが、そういう目標物があると小水を命中させたくなるのだ。便器の適切なポイントにハエが止まっているとは、なんという偶然だろうと思った。

しかし、小水が命中してもハエは動かない。よく見ると精巧な工作物だったのだ。余りにも本物そっくりなので感心してしまった。こういうユーモアと味のある注意の喚起だと、押しつけがましさはなく、命中させる秘かな楽しみもあって、床を汚さずにすむだろう。

その後、いろいろな都市を歩いたが、ボローニャのレベルに達するものには出会っていない。ボローニャで写真を撮らなかったのが惜しまれてならないが、ハエがプリントされた駅の小用トイレは何度か見ている。その内、写真が保存されていたのが、ルクセンブルクとフランスのストラスブールの駅トイレである。

ボローニャのように立体ではないので、すぐに本物ではないと分かるが、それでも男子はほとんどそこに当てるようにするのではないだろうか。ヨーロッパ諸都市は言葉も多様なので日本のようにはいかない。もしも一〇の言語で注意書きがあったら、読める言葉を探しているうちに用がすんでしまう。一匹のハエの力こそ恐るべしである。

7 日本の街角・まちづくり

1 冬の越中八尾
——おわら風の盆の町並み

数年前の二月に富山市を訪れたついでに、越中八尾（やつお）まで足を伸ばし、一泊した。九月初旬の有名なおわら風の盆はまだ見る機会を得ていないが、町内練り歩きの長い歴史の中で形成された町並みに関心があった。あの哀調をおびた三味線と胡弓に合わせた優雅な踊りと息づかいに呼応した町並みである。

八尾の諏訪町通り

越中八尾駅から延びる通りは何の変哲もなかったが、井田川に差しかかり、十三石橋を渡って、坂の多い旧町内に入ると、独特の空気が感じられた。屋根にはまだ雪が残り、山から冷たい風が降りてくる。

練り歩きのコースでは、諏訪町通りに格別の風情があった。朝からの雨がみぞれに変わり、石畳と伝統的様式の家並みがモノクロ写真のように浮かび上がった。電線類は地中化され、日本の道百選にも選ばれている。ゆるやかな勾配のこの通りで見るおわら風の盆は素晴らしいに相違ない。電線類が地中化された通りは今のところほかにはないが、計画はあるようだ。諏訪町通りは伝統的建造物群保存地区にも相当すると思われるが、そうした規制や指定を受けているわけではない。

独自の風情ある町並みが形成されたのは、おわらが通りを練り歩きながら踊る習わしで、町並み自体が踊りの舞台であることと関わっている。景観という観念以前に踊りに相応しい町並みが町民によって守られてきたのである。

諏訪町通りを抜け、おわら資料館に入る。解説によれば、町内練り歩きに変化したのは元禄時代という。当時は祝事の回り盆だったが、近代になって二一〇日の台風よけと五穀豊穣を願う風の盆になった。隊列を組んで練り回るスタイルには、風の神をもてなして送る意味があった。

おわらの歌詞や踊り、衣装などは地元文化愛好者たちによって幾重にも優雅に洗練され、現在に至っている。舞台となる通りのみならず、坂や小路、神社の境内、橋の上など町並み全体がおわらの一翼を担っているのだ。機能優先の近代化で旧来の町並みの大方が損なわれてしまった今日、八尾の町並みは地域文化と伝統のパワーを感じさせる。

風の盆のイメージに関しては、高橋治の小説「風の盆恋歌」以来、悲恋が〝売り〟のようになっている。しかし、宿の女将さんによれば、本来、厄除けと五穀豊穣を願う健康的な踊りなのにそうしたイメージが定着していることに、地元では不満の向きが多いという。

そういえば、何年か前の松本幸四郎主演のドラマもそうだった。佐久間良子や五木ひろしも泊まったという部屋で眠りに就きながら、風の盆をめぐる内と外の視線の揺れについて考えた。

2　小樽運河再訪
——多少の違和感

札幌で開かれた学会の帰りがけに小樽を再訪した。初めて小樽を訪れたときは、運河保存と道路建設の折衷案となった片側半分埋め立て工事の最中だった。

それからちょうど二二年が経過し、小樽と小樽運河はすっかり様相を新たにしていた。駅前から海に向かっては、電線類が地中化された立派な大通りが走り、運河のたもとには都市景観賞を受けたホテルノルド小樽が瀟洒なたたずまいを見せている。

小樽運河は石垣が整備され、遊歩道には花壇やモニュメントがほどよく配置され、絵や写真、ガラス絵などを展示販売しているアーティストや楽器を奏でているミュージシャンもいた。週末で天気が良かったこともあり、観光客が行き交い、ブティックやレストラン、カフェに活用されている対岸の石造倉庫を背景に写真を撮り合っていた。

テレビや雑誌で小樽運河の情報には接していたが、地味な歴史遺産の時代とは隔世の感がした。かつて小樽は北海道の物流の拠点であり、代表的な金融経済都市でもあった。貴重な歴史的建造物も多く、ガラス工芸も盛んで石川啄木や野口雨情などの足跡もある。

小樽は物語性のあるまちづくりができる恵まれた都市である。日本の各地でこのようなまちづくりが模索されている。しかし、きれいに整備された小樽運河を見ながら多少の違和感を否めなかったことも事実である。石畳とお洒落なガス灯の遊歩道は、居心地はいいのだが、こしらえ過

半分残された小樽運河

ぎている感じがしないでもなかった。

かつて道路建設、産業振興に対する保存運動はヨソ者の論理といわれたこともあった。その中で保存運動に参加し、保存の意義を訴えた地元の画家藤田勇一さんの水彩画を見る機会があった。藤田さんも全面保存されなかった運河に違和感をもち、最近は消えつつある小樽の歴史的な町並みの記憶を残そうと、スケッチ行脚を続けている。彼の水彩画に描かれた小樽の町並みには落ち着ける懐かしさが漂っている。

3　門司港レトロ地区
――妥協と逆転の発想

門司港レトロ地区を訪れた。門司が明治中期から昭和初期にかけて、九州鉄道の起点として、また大陸貿易の拠点として栄えたことはよく知られている。商社や船会社、銀行などが立地し、九州経済、文化の中心地だった。

門司港レトロハイマート
（黒川紀章設計）

こうした歴史は北海道の小樽とも似ている。近代化の過程で小樽の商業金融行政機能が札幌に移ったように、門司も博多に中枢機能が移行した。産業構造も転換し、門司港周辺の建築物や産業施設は進歩に取り残され、風化した。

それが近年、歴史を活かしたまちづくり「門司港レトロ事業」でよみがえったのである。九州で最も古い木造駅舎で重要文化財に指定されている門司港駅や大陸航路の旅客待合室のある旧大阪商船、レンガ造りの旧門司税関、逓信省門司郵便局庁舎だった門司電気通信レトロ館など、近代史を彩る歴史遺産の街が再生された。

最近、注目されたのは、このレトロ地区に計画された高層マンション・門司港レトロハイマート裁判である。当初は一五階建て、高さ五〇メートルで申請されたが、景観上重要な和布刈（古城山）の眺望を阻害するため、北九州市は建築確認を行わなかった。そのため、訴訟になったが、地裁の和解勧告で幅を狭くして山が見えるようにし、代わりに高さを倍にしてマンションの容積を確保したのである。

最上階の三一階は市が買い取って「門司港レトロ展望室」にした。足元のレトロ地区のみならず、関門海峡や壇ノ浦、巌流島が眺望され、人気スポットとなっている。高層マンションの基本コンセプトは変わっていないが、双方の歩み寄りによって、地域との調和を図った点は、最悪の事態を招いた国立マンション問題と対照的だ。北九州市と下関市が関門海峡の景観を保全するために、同一の名称と条文の関門景観条例を制定しているのも注目される。

ひとわたり地区をめぐって最後に入った旧門司三井倶楽部は素晴らしかった。一九二一年に三井物産の迎賓館、宿泊施設として造られ、翌年はアインシュタイン夫妻も泊まっている。館内はアールデコ調のデザインが施され、レストランも天井が高く、雰囲気も料理もレトロな風趣があった。

4 厳島神社
――時間と美の舞台

松山観光港から高速船で瀬戸内海を渡る。春先の午後の光がまぶしい。音戸の瀬戸を抜け、広島港経由で宮島港まで約二時間。時間があれば甲板に出ることができるフェリーの方がよかった。

船を下りて、宿にチェックインした後、厳島神社に詣でる。連絡船が出るところの観光案内所付近には、鹿がたく

干潮時の厳島神社

さんいて、観光客にえさをねだったり、ごみ箱に首を突っ込んだりしている。小さな島なので、奈良の鹿のように交通事故に遭うことが少ないのはいいが、こんなに至るところに鹿がいるとは思わなかった。死んだ鹿の胃からはビニール袋やプラスチック製品などが見つかるらしい。人間社会のそばで生きる野生動物の悲哀を覚える。

ちょうど干潮時で大鳥居よりもはるか遠くまで潮が引いており、改めて瀬戸内海の干満の差の大きさを知った。さらに驚いたのは、大勢の人たちがそこで潮干狩りをしていたことだ。大鳥居の内側は神池とされており、潮干狩りは禁じられている。

厳島神社は予想に違わず、素晴らしかった。ここが世界遺産に登録されたのは、一九九六年だが、神社だけでなく、前面の海と背後の原始林を含む森林四三一ヘクタールも含まれている。朱塗りの神殿群が海上に展開する光景は、世界にも比類がない。

昨二〇〇五年の台風一四号で受けた被害の修復工事がまだ一部で行われていたが、能舞台から大鳥居を望むと平安朝の優美な世界が広がるようだった。夜に再度来たときは、潮が音を立てて満ち寄せており、ライトアップされた大鳥居の下を遊覧船が行き交っていた。

翌日の朝は写真でよく見る満潮時の神殿と大鳥居の風景が広がり、いかにも厳島らしかった。周辺には五重塔や大聖院、千畳閣、町家通りなど見所が多いが、とくに宮島歴史民俗資料館が興味深かった。多彩な資料の展示に加え、醤油醸造を営んだ豪商の屋敷を保存、利用した建物自体がよかった。池のある庭園を一巡する形で展示館が並ぶ風雅な資料館だ。

5　五個荘――近江商人屋敷と外村繁

数年前になるが、早春の琵琶湖・近江路を歩いた。近江商人発祥の地のひとつである湖東地方の五個荘（ごかしょう）金堂には、重要伝統的建造物群保存地区がある。そこを一度訪ねたいと思っていた。指定の背景は、江戸時代後期から昭和前期にかけて近江商人の本宅群と伝統的な農家住宅、および寺社や周辺の水田が一体となって優れた歴史的景観を形成していることである。

東海道本線の能登川駅で降りて、金堂までバスに乗る。田園風景が広がる。土地の人に教えられて、歴史的な町並みがある一郭に着く。白壁と舟板塀の商人屋敷や旧家が並

五個荘の近江商人屋敷

んでいる。以前、テレビドラマ「エラいところに嫁いでしまった！」のロケで使われ、主役の仲間由紀恵も来たという。

東近江市が管理している近江商人屋敷の中江準五郎邸、外村宇兵衛邸、外村繁（とのむらしげる）邸を見学する。いずれも華美ではないが、風格のある屋敷で、勤勉と節約を第一の徳目とした近江商人の心構えと心意気を偲ばせる。桃の節句の時季でお雛様や郷土玩具、土人形も飾られていた。

外村繁家は外村宇兵衛家の分家で、三男の外村繁は三高から東大に進み、作家を志していたが、次男の死で一時家業を継いだ。長男は本家の相続人になっていたからである。しかし、五年後、家業を弟に譲り、作家に戻り、第一回芥川賞候補にもなっている。昔買った筑摩書房の現代文学大系三〇巻では室生犀星と一緒だったことを思い出した。彼は「無限泡影」「最上川」など、私小説作家として知られるが、商業小説も多かった背景が実感された。彼の出自は近江商人そのものだったのだ。

彼は後年回想している。「私達の村は、多くの日本の村々がさうであるやうに、一見農村といふことが出来るであらうが、この湖東地方は、昔天秤棒を担いで全国津々浦々を渡り歩いた、いはゆる近江商人の出生地であつた。今も戦前までは、大阪や京都や東京や、その他の大都市に店舗を構へ、村には妻子のゐる本宅を残してゐる家が多かつた。私の家もさうであつたが、私の家の親戚も総てさういふ商家であつた。従つて話すことは金のことばかり、親子の間でも金銭上のことはゆるがせにしなかつた。いろいろの躾も厳しかつた。」

由緒ある近江商人の生家に材をとった「筏」「草筏」「花筏」の三部作などは、最近亡くなった城山三郎の経済小説とも比肩されている。隣接した土蔵の二階は作家外村繁のコーナーとなっていた。本名は茂だったが、学生時代に誤植で繁と印刷されたことがあり、それを機縁として繁を終生ペンネームにしたエピソードもある。白髪、端正で笑みを浮かべた和服姿の外村繁の写真を記憶に止めつつ、夕暮れ迫った五個荘を後にする。

6　塩沢宿・牧之通り

——雪国の宿場町再現

新潟県南魚沼市の塩沢（宿）を訪ねた。越後・佐渡と江戸をつなぐ三国街道の往還に面した重要な地点で、江戸時代は天領だったところだ。しかし、武士は陣屋の役人くらいで、町人と農民が中心だったという。豪雪地帯で江戸時代、この地の商人、鈴木牧之が著した『北越雪譜』が知られている（本名は義三治、牧之・ぼくしは俳号）。

鈴木牧之は明和七（一七七〇）年塩沢宿の縮仲買商の家に生まれ、父に学問を学び、絵師につき、禅僧に漢詩も学んでいる。彼は若い頃、江戸を訪れて雪のない冬を初めて経験した。多分、知識はあったが、越後とは別天地と思ったのだろう。それは雪国越後の特殊性を再認識することにもなった。

彼は二〇代の終わりから四〇年以上の歳月をかけて、雪国の生活、文化、風俗を他国の人々に紹介する詳細な文章を書きつづった。全七冊の『北越雪譜』が出版されたのは、天保八（一八三七）年、六七歳のときである。

出版に際しては、山東京伝や滝沢馬琴に仲介を頼んでいる。『北越雪譜』は江戸市中で評判を呼び、貸本屋ではこの本を置かないと客が来ないというほどだったといわれる。

それから一五〇年を経て、社会環境が変り、宿場町の風情はほとんど失われた。新国道一七号線が全面開通し、塩沢街道が国道から県道となったのを機に、一九九八年より地元住民と塩沢町と新潟県の間で地域の歴史と文化を復興させるプロジェクトが検討され始めた。

塩沢宿・牧之通り

具体的なチャンスとなったのは、県道の拡幅工事である。地元では新たなまちづくりの好機と考え、牧之通り組合を設立、沿道の建て替え家屋と建築協定を結び、デザインルールも定めた。全戸が参加したわけではなかったが、雪国に伝統的な雁木のある広い歩道が実現し、二〇一〇年に牧之通りとして完成した。

牧之通りを歩いてみた。牧之通りだけは別天地だ。電線が地中化され、統一された町並みがよみがえっている。駅前から牧之通りまでの平凡な景観とは大違いだ。観光客も増えたという。二〇一一年度国土交通省・都市景観大賞も受賞している。

しかし、妻籠や馬籠のような基本構造を残した修復や修景ではなく、車が走行し、建物も新築なので、明快明瞭すぎて、歴史のひだを見せるところまで至っていない。かつての宿場町の味わいがにじみ出るには、しばらく時間がかかるだろう。

7　富山市岩瀬大町・新川町通り

――回船問屋の町並み

富山といえば「越中富山の薬売り」が有名で、子供の頃に毎年配達に来てくれて紙風船やらをもらった記憶がある。家の決まった場所に薬箱があって、使った分だけ補充、集金するのである。富山駅前には薬売りの像などのモニュメントがある。

このシステムは江戸時代中期に始まったようだが、もとは立山信仰の衆徒たちが経衣やお札を一定の宿に預け、一年後に使用分だけ代金を集金した「先用後利」のアイデアに発している。お土産に持ち歩いた薬が評判になり、いっしょに売るようになったという。

しかし、売薬王国富山の高名にもかかわらず、現在の富山市には薬種商などの町並みは残っていない。国登録有形文化財となっていて公開されている薬種商・金岡（又右衛門）邸には店舗・屋敷を始め、薬の原料、製造、売薬版画などの流通販売に関する資料がよく保存されていて興味深かった。かつてはこのような商家が集積していたのだろう。

回船問屋の町並み

町並みということでは、岩瀬地区の回船問屋の町並みに目を引かれた。ここは加賀藩の直轄港で御蔵があり、北前船で米や木材などを大阪や江戸に運んでいた。もっともこの地では、北前船といわず、「バイ船」といっていたらしい。

明治六年に大火があり、千戸の家屋の六割以上が焼失したが、当時は全盛期だったので、独自の「東岩瀬回船問屋型」様式で再建されたという。修復、修繕された家屋も多いが、明治期建造のものが多く、見応えがある。電線は地中化し、道路舗装にも工夫がある。

国指定重要文化財の森家をのぞいてみた。明治一一年に建てられた典型的な東岩瀬回船問屋型町家である。積出す船荷のために玄関から船着場まで通り庭（土間廊下）が通じている。豪壮典雅な母屋、道具蔵、奥座敷などは、回船問屋森家の財力を偲ばせる。

旧北国街道の大町新川通りに沿った岩瀬の町並みは、保全された旧回船問屋の建物のほか、喫茶店、ギャラリー、そば屋、寿司屋、和菓子屋、銀行などもあり、生活感ある町並みとなっている。最近は全国的に話題になっているバリアフリー型の富山ライトレールの駅にも近いので、にぎわっているようだ。歴史と現代をマッチさせた風雅と風味のある町並みである。

一風変わった形の富山港展望台に上ってみる。展望台の和風な形状は、北前船の時代に活況を呈していた東岩瀬湊（富山港）の守護神だった金刀比羅社（琴平神社）境内の常夜灯をモデルにしているという。これが灯台の役目を果たしていたのだ。今は近代的な港湾だが、目を閉じて「バイ船」が行き交っていた往時の情景を想像してみた。

8 青森市
――コンパクトシティの実験

数年前になるが、雪の青森市を訪れた。青森市はコンパクトシティ政策を長期総合計画に位置づけていることで知られる。コンパクトシティとは何か。徒歩による移動性を重視し、種々の都市機能が比較的小さなエリアに高密に収まっている都市形態と一般に説明される。

これはモータリゼーションに伴う都市の外延的拡大、郊外化がもたらした都心の空洞化、中心市街地の衰退や高齢化、財政負担に対応した考え方である。コンパクトシティ政策の本家のアメリカの場合は、無秩序な都市化から自然環境を守る視点も強い。

雪の青森市街

青森市にはさらに固有の事情が加わっている。それは青森市が有数の豪雪都市であることだ。二〇〇五年度の車道除雪延長は実に一一七五キロメートル余。豪雪だった二〇〇四年の除雪予算は三〇億円にも上っている。

だから、これ以上の市街地拡大を防ぎ、まちなか居住を推進するなどして、中心市街地を活性化することが市政の基本に据えられているのである。雪は二、三日前に急に降り出したようだった。寒いうえに動き回るのも不便だが、コンパクトシティ調査には格好のタイミングだった。

雪国育ちだが、軒先のつららや大量の積雪、吹雪を見るのは久しぶりだった。雪道を歩くとさくさくと乾いた音がする。日本海側の湿った雪とは違う。雪が降るたびに市民も除排雪に追われる。豪雪都市の厳しさが伝わる。

コンパクトシティのシンボルである駅前のＡＵＧＡは評判通りだった。地下に魚介類などの新鮮市場とレストラン、一階から四階がテナントミックスの商業施設、五階と六階は研修室や多機能ホールがある青森市男女参画プラザ、それ以上九階まではゆったりとした市民図書館になっている。

棟方志功記念館の隣から移転された図書館は利用者数が急増し、とくに注目されている。冷蔵ロッカーの設置も買物の後、ゆっくり図書館を利用できるアイデアだ。豪雪都市の市民生活の便宜と少子高齢化、自立的発展への大いなる実験だ。

9 長浜
――湖国の春を歩く

三月初めの長浜は思いのほか寒く、時折小雪が舞った。長浜城の天守閣に登ると、琵琶湖から冷たい風が吹き上げてきた。

長浜城は秀吉の出世城であり、後に山内一豊が城主になったことでも有名だが、戦後再建されて長浜城歴史博物館となった。ちょうど企画展「砂千代の雛と雛道具」の最中だった。砂千代は彦根藩主井伊直弼の七女で長浜の名刹、大通寺の住職の奥方になった人である。

学習コーナーでは各種ビデオが鑑賞できたが、小堀遠州のビデオが興味深かった。小堀遠州といえば二条城二の丸庭園の作庭が思い浮かぶが、彼は幕府の普請奉行、作事奉行として名古屋城、大阪城、二条城内裏などの建設工事に携わり、当代一流の建築家、造園家として知られた。同時に茶道・華道にも秀で、地元の長浜では「万能の芸術家」といわれている。

長浜市の北国街道

最近のまちおこしの核となった北国街道沿いの黒壁スクエアを抜けて、右に折れると、真宗大谷派の別院、大通寺がある。巨大な山門、七〇〇〇坪もの境内は二条城にも匹敵する。山門を仰ぐとまた小雪が空の奥から零れ落ちてきた。

大通寺では恒例の馬酔木展が開催中だった。縁側や廊下に赤やピンク、白の房状の花を咲かせた大きな盆栽が沢山並んでいる。馬酔木の盆栽展を見るのは初めてだった。これも大通寺門前町のまちおこしとして始まったようだ。

圧巻は明治天皇を迎える迎賓館として建てられた慶雲館の長浜盆梅展だった。小さな盆栽を想像していたが、二メートル以上の巨木や樹齢四百年を超す古木もあり、豪華と優美の極みだった。市保有の約三百鉢からローテーションで展示されるので、何度訪れても飽きることがない。白梅、紅梅にしだれ梅。芸術的に育成管理された多種多様な盆梅を観賞するのも初めてだった。

長浜盆梅展は「湖国に春を告げる風物詩」といわれる。慶雲館の庭園も近代庭園の最高傑作のひとつとされる。長浜のここかしこを歩きながら、すさまじい電線類が地中化されていないことを惜しみつつも、その歴史と文化の豊かさを再確認した。

10 喜多方にて
——モーツァルトと日本酒

二〇一〇年夏のゼミ合宿で福島県喜多方市を訪れた。喜多方は蔵の町で知られる。今でも農村部も含めると市内には四千二百棟もの蔵があるという。目的は景観行政の研究で、前年も候補地だったが、景観行政団体ではなかったので見送った経緯がある。

それが二〇〇九年七月に景観行政団体になり、景観条例と景観計画を作り、二〇一〇年四月から施行したというので、期待して訪れたのである。しかし、まちづくり推進課で担当者から説明を受けたが、制度が動き出したばかりで、実態は貧弱だった。

学生たちと町を歩いてみると、蔵を活用した美術館や博物館、商店、蕎麦屋、レストランなど味わいあるスポットは少なくなかった。うるし美術博物館や甲斐本家蔵座敷などは素晴らしかった。ただ、それらの蔵は個別に点在し、統一的な町並みにはなっておらず、電線類も地中化され

喜多方市の小田付蔵通り

ていない。

他方で、「日本一の蔵再生によるまちおこし」をテーマにした民間主体の企画と一連の事業は注目された。とくに比較的に蔵が多く残っている小田付（おだづき）蔵通りの整備計画には、信州の海野宿のような風情と夢がある。

小田付蔵通りを代表する小原酒造を見学した。醗酵のときにモーツァルトを聴かせていることで有名な酒蔵だ。音楽酒・蔵粋（クラシック）で売り出している。大吟醸、純米吟醸、吟醸、純米酒で曲目を変えるきめ細かさである。

ティスティングしてみる。微妙な味だ。学生たちは買わないので三本も買ってしまう。

11　郡上八幡
――安定した生活文化

二〇一三年夏のゼミ合宿で岐阜県・郡上八幡を訪れた。郡上八幡といえば、郡上おどりが有名だが、ちょうどそのシーズンで夕方になると町のどこかからお囃子とざわめきが聞こえてきた。郡上おどりは富山のおわら風の盆と違い、庶民的でだれでも参加できる開放的なおどりだ。音をたどって行くと、子供から老人まで楽しそうに踊っていた。

合宿の目的は景観行政調査で、勉強会を重ね、郡上市に事前に質問表を提出、概要の説明を受けた後、質疑応答を行った。郡上市の八幡町北尾の町並みが二〇一二年一二月に伝統的建造物群保存地区に指定されている。評価の趣旨は、四方を山と川に囲まれた自然地形のなかで、統一された様式をもつ町屋が密度高く建ち並ぶとともに、湧水を生かした水利施設とが一体となって城下町としての歴史的風致をよく伝えていることである。

郡上八幡は水の町といわれるが、市内を歩くとどの道にも水路が走っている。火災に学んで一七世紀に構築した防火・生活用水のネットワークが今も健在なのである。町から見上げる山の上のお城の眺めも素晴らしい。市内を流れる長良川の支流、吉田川では、子供たちが元気に川に飛び込んでいた。

郡上市の伝統的建造物群保存地区

水路も町並みも観光用にではなく、ごく自然に残されてきたことが分かる。自然と歴史と文化に抱かれた安定した生活文化が感じられる。しかし、町並みに関しては、素朴なたたずまいはあるが、看板類の規制や電線類の地中化、建築様式の統一と修景、建物の補修など課題は多いように思われた。

12 妻籠宿再訪
——世界遺産は必要か

二〇一一年夏のゼミ合宿で中山道木曽路の妻籠宿を訪れた。一〇年ほど前に訪れたときと町並みは少しも変わっていない。昭和四〇年代から全国の町並み保存のモデルになった落ち着いたたたずまいもそのままだ。しかし、妻籠の周辺事情は変わってきている。

妻籠の保存事業は地域のアイデンティティである歴史的景観の保存が第一義で、観光振興が先にあったのではない。地元住民の生活環境の整備と維持も十分考慮されたものだった。だが、いつからか世界遺産登録が目指されるようになった。

完璧に修景保全された妻籠宿

当初は「妻籠宿と中山道」をテーマに文化庁に提案したが、継続審議案件となり、再検討の結果、「妻籠宿・馬籠宿と中山道」として再度提案している。長野県、南木曽町、岐阜県、中津川市の共同提案である。

周知のように、島崎藤村の生まれ故郷で「夜明け前」の舞台となった馬籠宿は平成の大合併で長野県山口村から岐阜県中津川市へと越県合併した。このとき、当時の田中康夫知事が猛反対して、やむなく議員提案で議決するという異例の展開となったことも記憶に新しい。

こうした政治事情だけでなく、妻籠と馬籠では種々の相違があり、それが町並みと保存政策、観光政策に反映している。妻籠の住民たちも実現は難しいと考えているようだ。南木曽町役場でのヒアリングでもそれが話題になった。

妻籠には年間六〇万人もの観光客が訪れる。外国人も多い。商業主義を抑え、ストイックな保存で一貫してきた妻籠に世界遺産登録の必要性があるのか疑問に感じた。

13 馬籠宿再訪
――越県合併記念碑に思う

平成の大合併で越県合併が実現した。木曽路南端の宿場町として有名な観光地馬籠宿のある長野県山口村（人口約二〇〇〇）の岐阜県中津川市への編入合併である。理由は財政問題と通勤、通院などの生活上の利便性だった。

生活上の利便性は、生活圏が岐阜県側にあることである。村民の六割が岐阜県側に通勤し、テレビの電波も長野の民放は映らず、岐阜や名古屋の局を見ている。中津川の大型スーパーにはクルマで一〇分の距離だが、運転免許証更新で即日交付を受けるためにはクルマで二時間の塩尻市まで行かなくてはならない。

明治初期に府県を設定した当時は、合理的な理由があったが、行政区域と生活圏の分離は拡大の一途にある。とく

起伏の多い木曽路馬籠宿

に県境地域ではその現象が顕著になりやすい。これまで越県合併は六例あるが、一九五九年に栃木県菱村が群馬県桐生市に編入されたのが最後で、山口村のケースは四六年ぶりとなった。

しかし、すべてがスムーズに運んだわけではない。一九五〇年代後半の昭和の大合併のときは、長野県の神坂村（当時）が、中津川市への合併を望んで手続きを進め、村議会が一九五七年三月に合併を議決した。しかし、島崎藤村の生まれ故郷で「夜明け前」の舞台となった馬籠宿のある神坂村が岐阜県に移ることに長野県が反対して、県議会は合併反対の議決をしている。

このときは、国の裁定で、神坂村のうち、馬籠など三地区が長野側の山口村に、残りが岐阜県の中津川市に合併するという異例の決着となっている。山口村に編入した地区でも、中津川への合併を望む住民が多数で、裁定に不満な住民がデモをして警官隊が出動し、児童が登校拒否をするなど大混乱になったといわれる。

住民の大多数は合併を望んでいたことがうかがわれるが、個人的、心情的には合併反対という矛盾した意識の住民も多かった。利便性だけでなく、馬籠宿が信州長野にあることの歴史、文化的側面へのこだわりも少なくはなかった。そうした意向に同調したのが、当時の田中康夫長野県知事だった。越県合併は通常の合併と異なり、市町村に加えて関係する都道府県議会の議決を経て知事が申請し、総務大臣が決定するプロセスになるのだが、知事は二〇〇四年一二月の県議会に合併関連議案の提出を見送り、やむなく議員提案で議決するという異例の展開となった。

田中知事は「長野県民であり続けたいと願う人々を守らなければならない責務がある」と述べたが、結局は合併を容認して総務省に申請し、二〇〇五年二月一三日に新「中津川市」が誕生することになった。山口村のほかに岐阜県恵那郡北部の六町村もいっしょに編入され、面積六七六平方キロメートル、人口約八万五〇〇〇となった。

久しぶりに妻籠と馬籠を訪れ、馬籠宿を見下ろす高台に上った。そこに「越県合併記念碑」がある。碑文には、この地はもともと美濃の国（岐阜県）だったが、信濃の国（長野県）より京へ上る道として利用が増すにつれて、信濃の国になり、四〇〇年を経過した。その後、昭和の合併と平成の合併で、目の前の恵那山と同じく、この足元の地も岐阜県中津川市になったと書かれている。島崎藤村「夜明け前」から、「あの山の向うが中津川だよ。美濃は好い国だねえ」という一節も引かれている。

最後の合併議案提出者に、（知事ではなく）長野県議会議長、岐阜県知事、中津川市長、山口村長と記されていたのが印象的だった。

14 架け替え終わった錦帯橋

数年前の二月に岩国の錦帯橋を見に行った。半世紀ぶり三年がかりの架け替え工事が終わりつつあり、木肌も瑞々しい第四、第五橋を架設の迂回橋から眺めた。

錦帯橋は珍しい木造五連のアーチ橋だが、当初建造したのは三代目岩国藩主の吉川広嘉で一六七三年のことだ。増水時にも流されない橋を造るのが悲願だった。

翌年の大洪水で橋は流失してしまったが、すぐに改良を加えて再建し、その橋が一九五〇年に台風で流失するまで、二七六年の長期にわたって錦川両岸の架け橋となってきたのである。

錦帯橋は築城や組木など、当時の技術の精粋を結集して造られたといわれる。同時に、その秀麗な姿は江戸時代から日光の神橋、甲斐の猿橋と並んで日本三名橋と呼ばれ、江戸をはじめ全国から見物客が絶えなかった。

錦帯橋と錦川

岩国出身の作家宇野千代も書いている。「お国はどちらですか、と訊かれると、岩国です、あの錦帯橋の、と答えるのが私の癖である。いつ帰って見ても錦川の水は澄んでいる。魚が泳いでいるのがよく見える。春夏秋冬の錦帯橋は、それぞれに美しいが、桜の頃の錦帯橋は、特に大好きである。この錦帯橋を渡る度に、私は何とも言えない幸福な気持ちになる。いくら自慢しても自慢しきれないほどの気持ちになるのである。」

はじめて岩国を訪れて宇野千代の言葉が単なる御国自慢の類ではないことを実感した。彼女は「人間をつくるのは、故郷なのである」ともいっている。城下町の風情を残している町は少なくないが、錦帯橋と周辺を含めた歴史的全体景観をこれほどに保全し、市民の誇りとしている例は希少だ。残念なのは、騒音を振りまく岩国基地の存在だ。

架け替え工事に関わった地元の大工さんたちも、その家族も、橋板に名前を書いて、次回五〇年後の架け替えまで封印した。地元の小学生たちも、錦帯橋を愛し、慈しんでいることがよく分かる。前回の架け替えのとき、新成人だった約一三〇人が渡り初めをした。錦帯橋はそれぞれの人生も包み込んでいるのだろう。

15 香川県内子座
――伝統の歌舞伎小屋

春に香川県内子町の町並みを見に行ったときは、生憎の雨だった。それも横なぐりの激しい雨でバッグの中の本や書類まで濡れてしまうほどだった。内子駅を降りると、伝統的建造物群保存地区に指定されている八日市・護国の町並みに着く前に、内子座が日に飛び込んでくる。

だいぶ前にNHKのドラマ「花へんろ」で内子座を見たことがある。最近もイッセー尾形が幽霊で出るドラマで使われていたような気がする。近づくと内子座は思いのほか大きかった。入り口にこの夏に公演される文楽のちらしが置いてあった。出し物は二人三番叟や夏祭浪花鑑などだ。幕間にはお楽しみ抽選会もある。

歴史を語る内子座

中に入ると内子座が建てられた大正時代にタイムスリップしたようだった。もっと前の江戸時代の雰囲気かもしれない。舞台正面には「藝於遊」（芸に遊ぶ）の扁額がかかっている。花道、すっぽん、黒簾、桝席、大向など歌舞伎小屋の典型だ。奈落には人力で回り舞台を動かす仕掛けがあって、そこも見学できた。

今は伝統産業になっているが、内子座竣工の当時はまだ木蝋や生糸などの生産が盛んだった。電気が通る前のろうそくや行灯の時代である。内子座の回りは一面の桑畑だったという。八日市・護国の旧大洲街道には和紙や木蝋、生糸で栄えた商家が並んでいた。それが近年見直されて修復・修景され、貴重な歴史的町並みとなっている。

内子座のような芝居小屋は愛媛県内にも松山の新栄座などいくつかあったが、娯楽のためだけでなく、自由民権運動など政治意識の高揚に伴って、立会演説会の場所が求められたという事情もあったようだ。ともあれ、農閑期には歌舞伎、人形芝居、落語、映画などが地域の人々の心を慰めた。定員六五〇はいつも満員だったのだろう。

地域文化の核だった内子座も、戦後は映画館に変わり、映画斜陽化の後は商工会館に転用され、内部構造も床がコンクリートになるなどの変貌があった。老朽化で存続が危うくなった内子座を復元、活用する道を選んだのは、寄贈を受けた内子町である。現在は年間七万人が見学し、歌舞伎、文楽などの伝統芸能以外に前衛的な芝居やシンポジウム、住民の発表会などの場ともなっている。年間約八〇日が劇場として活用され、七万人が見学に訪れているという。

二階には当時の文献や資料、道具が展示されており、タイムスリップの確かな手がかりになった。舞台や桝席を見下ろすと、最盛期のにぎわいとさざめきが押し寄せてくるようだった。

16 大阪市舞洲ゴミ焼却場
――デザインのインパクト

大阪市舞洲（まいしま）工場を一度見たいと思っていた。大阪で学会があった機会に環状線に乗り、バスに揺られて舞洲スポーツアイランドで下車。デザインがユニークなゴミ焼却施設に近づいた。

ウィーンのアントニオ・ガウディといわれたフリーデンスライヒ・フンデルトヴァッサーのデザインによるゴミ焼却場が大阪の臨海部にあると知ったときは驚きだった。日本でも迷惑施設がウィーンのように観光名所に一変するかも知れないと思った。

フンデルトヴァッサーはもともと画家だったが、自然との共生を重視した建築の方で知られている。多くのビルや学校、教会、住宅などをデザインしており、ウィーン市内にもいくつかの作品がある。

もっとも有名なのが、ドナウ運河沿いの地下鉄シュピッテルアウ駅近くのゴミ焼却場である。

一九九〇年完成時からそこは観光スポットのようになっている。カラフルで建物の至るところに緑があふれたおとぎの国のようなデザインなのである。

舞洲工場はウィーンのゴミ焼却場以上に完璧なフンデルトヴァッサー色だった。もちろんデザインだけではなく、彼の環境保護思想をも重視している。

次の説明が目に入った。「舞洲工場は、建物が地域に根ざして、エコロジー・技術と芸術との融和のシンボルとなるようにデザインされています。だれにとっても注目すべき新しいランドマークになり、みんながこの建物を親しい友人として自慢できるように、人間的な建物にすることを目指しています。屋根などの緑化は、建物と自然が融和した人間生態学的なコンセプトの象徴です」。

最先端のフィルターシステムを導入しており、ゴミ問題への関心を高め、ゴミのない社会について考える場ともなっている。このため小中学生はじめ見学者が多く、他のゴミ焼却施設の三倍以上という。近くには舞洲スラッジセンター（下水汚泥集中処理場）があり、これもフンデルトヴ

ゴミ焼却場かテーマパークか

アッサーの外観デザインである。開放緑地・遊歩道もあり、楽しめる。

17 高松再訪
——自転車で回れる都市

学会で久しぶりに高松を訪れた。駅周辺が一変しているのに驚いた。宿泊した海のそばの全日空ホテルクレメント高松は、以前は駅があった場所だ。二〇〇一年開業の新駅は西に三〇〇メートルずれている。新駅はバリアフリー構造で、外部からホームまで段差がない。

ホテルの一〇階の部屋から見下ろすと、駅前空間もユニークだった。海水を引いた池に続いて円形の模様が描かれた広場がある。中心に小さな円柱風の腰掛がいくつかあり、座ってくつろいでいる人たちがいる。子供も走り回っている。広場の伝統が希薄な日本では珍しい光景だ。

しかし、地上に降りて眺めていると、通り過ぎていく人が多かった。広場というより歩行者専用大通りの意味合いが強い。自転車もどんどん来るので、危険でもある。駅前広場では自転車から降りる旨の注意表示があるが、あまり守られていない。

四国で一番高いという高松シンボルタワーに上ってみた。三〇階一五一メートル。最上階はレストランだが、開業前は店内から展望を楽しむことができる。もとの海岸線を偲ばせる一角が見えたが、大規模な埋め立てが進み、港湾施設と並んで住宅やマンションが海際までびっしりと張り付いている。折悪く、黄砂の影響で、晴れていれば見える小豆島は遠くかすんでいた。小豆島からのフェリーが着岸するのはよく見えた。

シンボルタワーと海の間に、多目的広場（スケートパーク広場と大型テント広場）とアート広場がある。広大な広場である。アート広場は石像のモニュメントと起伏ある芝生で子供連れやカップルがゆったり楽しんでいる。大型テント広場には宅建協会の「クリーンウオーキング」のイベント本部があった。ポイ捨てされたごみを拾いながら市内を歩くイベントである。

予想通り、これらの広場はバブル崩壊で建設されなかった企業用地だった。その空地をとりあえず、広場に転用したのは妙案だったかも知れない。最初から設計された広場には付属物が多くなる傾向があるが、空地には市民が自由に絵を描く余地があるからである。高松市には香川県一〇〇万弱の人口の四二％が集中している。学会で挨拶した市

開発が進んだ海岸線

長は、一県一市まで唱えていた。高松一極集中の香川県政の難しさを想像した。

学会の合間、レンタサイクルで市内を回った。高松城址の玉藻公園では、菊花展の最中で、盆栽や懸崖、厚物咲どれも見事だった。栗林公園も再訪した。特別名勝の回遊式大名庭園。松の庭園といってもいいほど、多種の見事な松がある。自転車ロードが整っていたのはありがたかった。レンタサイクル料も一〇〇円と安いのでびっくりした。自転車で回れる都市はそれだけで魅力的だ。

18 リスボンから日本へエール

東日本大震災後、エステーの「消臭力」のCMを見て、おやと思った。ミゲル少年が歌っている背景は、記憶に新しいリスボンの街並みではないか。なぜ、リスボンの街並みなのだろうと思った。最近、エステー会長・鈴木喬さんへの新聞インタビュー記事を見て納得した。

リスボンは一八世紀に地震と津波の大被害から復興した歴史をもっている。会長は東日本大震災後、商品のCMが姿を消し、公共広告と津波の映像しかなかった時期にバッシングを辞さず、このCMを流した。リスボンから日本へエールを送る考えからだった。

当時、「消臭力」を製造していたいわき市の工場はストップしており、営業からも反対された。商品がないのに、ＣＭが流されたら、ブーイングの嵐になるに違いないと。しかし、ＣＭは大好評で、被災地のみならず全国に元気をもたらした。

リスボンは川幅二キロ以上のテージョ河に面している。河川よりは海に近く、大型の船舶も出入りしている。また、傾斜地が多く、建物がびっしりと斜面に張りついている。

一七五五年一一月一日の大地震でテージョ川の水が津波となって町に押し寄せ、火災も発生、未曾有の災害をもたらした。火災は六日間続き、都心の王宮やオペラ劇場、貴族の邸宅を灰塵に帰した。犠牲者数は当時の市人口一七万人の内、四・五万人に及んだ。

リスボンの都市復興を指揮したのは、国王の全面的な信任を得ていたポンバル侯爵である。外交官の経験もあった彼は、パリやウィーンを復興のモデルにし、道幅を広げ、広場を整備し、被災地を碁盤目状に区画整理した。建物は教会も含めて高さが制限された。

建築資材も下水道管から窓、ベランダの鉄枠まで統一様

リスボン市街とテージョ川

式が取り入れられた。大量生産と時間の短縮と建設の能率のためだったが、景観の美的統一がもたらされた。このポンバル侯爵の都市改造によるリスボンの遺産は、CMの背景からもうかがわれるだろう。

19 電柱王国日本
——投網の空

以前、銀座のタウン誌『銀座百点』で作家の畠中恵が、銀ブラのいいところを二点あげていた。ひとつは道路が直角に交差しているので、迷っても元の場所に戻りやすいこと、ふたつ目は空が電線に支配されていないのがたいへん心地よいことである。

彼女の自宅周辺は電線だらけで、その本数は日々増殖し、その内絡んで投網（とあみ）のようになるのではないか不安だという。だから電線が空にない街はその場にいるのが快いのである。

かつて滝田ゆうが描いたゆかたのおじさんや犬がいる下町の電柱は、電線だけの細い木柱で、そこはかとない郷愁をそそるものがあった。今は電話線や各種ケーブルが何列もぶら下がっているからいただけない。電線類の重さに耐えるように電柱は太いコンクリート製で歩道をふさぐように林立している。

都心や目抜き通り以外は、日本全国がこうした情景で、先進国では異例というよりない。ヨーロッパ諸国にもアメリカにもこんな風景はない。景観法ができてようやく良好な景観づくりが始まっているが、ある研究会で議論したとき、景観論はとにかく、景観を害しているものを除くのが先決だろうとなった。

その代表格が派手な屋外広告物と電線・電柱、放置自転車だった。これらがないだけで、街の景観は一変する。ヨーロッパ諸国やアメリカには屋外広告物もほとんどない。地震災害時でも電線類を地中化すると安全性は架空線の三〇倍とされる。しかし、地中化は進まず、東京都道だけであと百年もかかるという。

初春や投網の空に小積雲（こせきうん）。

住宅街の電線類（東京都練馬区）

20 京都・産寧坂
――電線類地中化の効果

二〇一二年六月に京都を訪ねた。何年かぶりだった。四条通を烏丸から河原町まで歩くと、京都市新景観政策で力を入れている看板規制が進んでいるのを確認した。四条河原町の阪急の大看板も消えていた。氾濫していた屋外広告物が改善方向にあることは嬉しい。

しかし、祇園の電線は相変わらずだった。紅柄格子のお茶屋が軒を連ねる重要伝統的建造物保存地区の祇園新橋も、電線電柱がそのままで画竜点睛を欠き、惜しい限りだ。大通り以外は電線類地中化が進んでいない。

祇園新橋は祇園発祥の地で、江戸時代には浮世草子浄瑠璃、歌舞伎音曲の舞台となり、現在では町屋造りの軒を連ねる重要文化財で、一九八八年には市制百年を祝した第一回京都市都市景観賞も受賞している。あえて電線類を地中化しない方針をとっているのだろうか。不思議でならな

電線類が地中化された産寧坂

い。

円山公園から八坂の五重塔を目指した。どの角度からカメラを構えても、電線類が入ってしまう記憶が残っている。しかし、今回は少し雰囲気が違っていた。産寧坂方向から望むと、電線電柱がなくなっている。これには思わず感動した。

お土産店や飲食店が続く産寧坂はすっかり電線が地中化されていた。これは画期的なことだ。調べると三年前に工事を完成させたようだ。お店の女将さんに聞くと、夜間突貫工事で実現したのだという。景観がどれほど改善されたかは、前後の写真を見比べれば一目瞭然だ。行政は努力していたのだ。

産寧坂が突き当たる清水坂はまだ電線類が地中化されていないが、計画はあるようだ。狭い参道であれだけ人通りが多ければ、工事自体困難なことは想像できるが、期待したい。京都市は最後の機会と認識して、建物の高さ制限やデザイン規制、眺望景観や借景の保全、屋外広告物規制を打ち出した。この波が広がれば日本の都市景観は一変するだろう。

電線電柱のある祇園新橋

21

新宿ゴールデン街
――伝説の飲み屋街

新宿のゴールデン街は映画の書割のような風情を漂わす伝説の飲み屋街だ。六〇年代、七〇年代はさぞ意気軒昂のつわものたちが集ったことだろう。バブル期の地上げで閉店が相次いだが、今は何とか小康状態を保っている。

その中の一軒にしばらく通ったことがある。ママは北海道出身、アメリカ暮らしもある編集者あがりで酒豪だった。毎夜のように通う常連の社長は将棋が強く、一度も勝たしてくれなかった。

カウンターと狭いテーブル席があるだけだったが、一見の客は入れず、気楽に飲める店だった。学生も何回か連れて行った。

酒がたたって、ママが脳梗塞で倒れてから、少しずつ様子が変わっていった。復帰はしたが、料理や計算がうまくできなくなり、社長がかなりサポートしていた。

レトロな新宿ゴールデン街

ママは招き猫が好きだった。さまざまなタイプの招き猫を棚に飾っていた。地方に旅行したときなど、珍しい招き猫を見つけてお土産に持ち帰ると喜んでくれた。商家にある典型的な招き猫のほか、陶磁器の西洋風のものやガラス細工のものもあった。

地方でまたひとつ入手して、しばらくぶりに訪ねると、驚いたことに見慣れた看板がなく、別の店に変わっていた。隣のバーで聞くと、ちょっと前に閉店し、ママがどうしているかは分からないが、社長は亡くなったという。

内心穏やかならざるものがあり、路地を回って背中合わせの店に入った。トイレが共用の縁で、二、三度のぞいたことがある店だ。沖縄出身のママで将棋好きがよく集まってくる。居合わせた若い客と一局指したがなぜか簡単に勝ってしまった。社長に負け続けたことを思い出し、悲しかった。

その後は背中合わせの店に通うようになった。しかし、新参でもあり、前の店とは勝手が違う。かけがえのないものを失った気分だが、何もサポートしなかった自分にも少し嫌気がさした。今時、珍しいレトロなゴールデン街だが、現実と時間だけは容赦なく流れていることをがつんと教えられた。

22 六本木ヒルズ
——垂直田園都市の可能性

森ビルによる六本木ヒルズ（二〇〇三年、約一一ヘクタール、森タワー・五四階二三八メートル）と三井不動産の東京ミッドタウン（二〇〇七年、約七ヘクタール、ミッドタウンタワー二四八メートル）は国や都の規制緩和を最大限に享受している。六本木ヒルズの法定容積率は三〇〇％だったが、さまざまな規制緩和措置をフル活用して七五〇％を超えるに至った。また、六本木ヒルズは再開発組合による公共的な手法を取り入れているために、不動産取得税や固定資産税の減免の特例を受けている。六本木ヒルズに限らず、多くの超高層ビルは法定容積率の一・五倍から二倍を超えている。都市再生事業は企業サイドに傾斜していることが分かる。

森ビルが開発した「ヒルズ」にはヴァーティカル・ガーデンシティ（垂直田園都市）のコンセプトがあるといわれる。元の地形の起伏を生かし、緑の再生・復活とともに、立体的な土地利用

そびえ立つ六本木ヒルズ

を図り、細分化した土地を集約化することにより、高層化を進め、足元に広いオープンスペースを生み出し、それを活用するといった考え方である。

森稔前社長著『ヒルズ　挑戦する都市』（朝日新書、二〇〇九年）では、複合用途に適したエリアや都心部の再生を想定した都市モデルで、職・住・遊・商・学・憩・文化・交流などの都市機能を縦に重ね合わせた、徒歩で暮らせる超高層コンパクトシティと説明されている。

それによって従来の職住分離型の都市構造を職住近接型に転換し、都市空間・自由時間・選択肢・安全性・緑を倍増することができる。実現の手法は、広域グランドデザインを描き、細分化された土地をまとめて、容積率を高める代わりに建蔽率を抑えて、建物の建て詰まりを防ぐ。それによって、地上や人工地盤は緑と人間に開放される。

事実、六本木ヒルズには毛利庭園があり、都会の子供たちが田植えの経験ができる屋上田んぼもある。発想のスタートとなったアークヒルズの屋上庭園は時間経過を経て自然の森の様相を呈している。愛宕グリーンズヒルズも赤坂溜池タワーも元麻布ヒルズも緑被率が高い。上海にも森ビルの垂直田園都市がある。

たしかに、「一戸建て願望がつくった平面過密都市」が克服されている印象がある。しかし、それらの垂直田園都市が成功するほど周辺の雑然とした変哲のない街並みとの差異が際立ってくる。局地的な垂直田園都市はテーマパーク化してしまうのである。同時に垂直田園都市は高級化、ブランド化して庶民の生活空間から遊離し、高額所得者の独占空間となってしまう。現に六本木ヒルズ地区の元の住民の多くがマンションの高額な共益費などを理由に引越しを余儀なくされている。

これはもちろん都市全体のグランドデザイン不在によるし、生活者優先のまちづくりをリードしてこなかった行政の責任でもある。平面田園都市が望ましいのはいうまでもないが、その実現可能性が少ない以上、垂直田園都市には意味があるかも知れない。

各種特例や優遇措置を集合して、世界最大級のワンフロア面積（約五四〇〇平方メートル）を達成した六本木ヒルズ森タワーは、さまざまな実験を試みることが可能だ。しかし、当然そこにはマーケットメカニズムや企業採算性からの限界がある。

地下鉄日比谷線を降りて専用の出口から長いエスカレーターで地上に出ると、巨大な森タワーとハリウッド映画でおなじみのタランチェラが目に飛び込んでくる。ハリウッドスタイルの学校やブランドショップ、シネコンもあり、ビジネスとエンターテイメントが一体化している。都市全体への広がりがない多彩華麗な垂直田園都市は、まちづくりの貧困が招いた壮大なあだ花に見えてくる。しかも、ロケーション的にも東京ミッドタウンに優位性を奪われている。

電通本社ビルや日テレタワーのある汐留シオサイトは全体計画がないまま、各企業が勝手に開発した壮大な失敗事例と見られている。最後のまとまった都心の巨大空間を有効に使えなかった理由は、三一ヘクタールを一括して開発できるディベロッパーがおらず、一一街区に分割して分譲されたことによる。総合調整すべき東京都も区画整理を担当しただけだった。

六本木ヒルズはまとまった一等地を払い下げられた三菱地所の丸の内とは違い、四〇〇人もの地主を説得して土地を買収し、年月をかけて開発したものである。貸しビル業の限界を知って新たな開発コンセプトで実現している。買収資金捻出のために、超高層化し、住宅は高級化した。さまざまな手法で容積率を上乗せし、巨大な円環構造にした。意思決定が森稔前社長に集中していたことも大きい。三井、三菱など旧財閥の決定システムでは不可能な実験が行われている。再開発の完成度が高まるほど、周辺との格差が目立つのも宿命である。

23　スカイツリーから見た景観

開業して一年以上経ち、行列もそう長くなくなったようなので、東京スカイツリーを訪ねてみた。開業時は高いことのほかに、五重塔など伝統的日本建築の様式と工法を取り入れたことや、地震、強風対応の最新制振システム、「異なる夜の富士山」をコンセプトにした淡いブルーと江戸紫の夜間照明なども話題だった。

高さ三五〇メートルに天望デッキ、四五〇メートルに天望回廊がある。地上の観察に関してなら天望デッキで十分だった。晴れていれば、富士山や三浦半島、筑波山が一望というが、晴れてはいたが霞がかり、筑波山がぼんやり見えただけだった。

江戸時代に富士山を望む江戸市街を鳥瞰した鍬形蕙斎（くわがたけいさい）作「江戸一目図屏風」が天望デッキに展示されている。

しかし、気になっていたのは足元の景観である。スカイツリーのホームページには「江戸期の景観を代表する隅田川を背景に、日本の伝統的な美意識のもと最新技術を駆使して造形した意匠により、足元の北十間川から連なる水の系が織り成す情景や下町の粋な雰囲気と融合し、他の地区にはない、時空を超えたランドスケープを創造します」とあるが、その通り受け取れるかどうか。

天望デッキから地上を望む

開業までの報道を見ても、観光振興、経済効果を期待したものは多かったが、美しい街並みを一望できるといった観点のものはなかった。結局、東京のほかの地域と同様に素晴らしい単体構造物が完成しただけといってよい。グランドデザインがないから、単体の個別主張に止まるしかない。もったいないことだ。

初めて上って地上を眺めてみたが、想像と変わるところはなかった。新宿都庁から眺めた景観と規模は違うが、低層木造住宅が密集した日本的混沌のパノラマであることは変わりない。富士山や隅田川、江戸川、皇居などを確認して安心するのは、都市景観自体の美しさに満たされないからであろう。

ヨーロッパ都市に全体を眺望する塔などが多いのは、優れた景観を創り、保全してきた歴史を背景にしている。たとえばエッフェル塔から見下ろすと、足元のバロック式のシャン・ド・マルス公園、その両サイドにシンメトリーの整然とした市街が広がっている。

朝日新聞二〇一二年五月二二日掲載の木津文哉さんが描かれた色鉛筆と水彩絵の具の絵は、目印になるものが大きく表現されており、スカイツリーから眺めた美しい街並みだ。もし、この景観が現実なら海外からの観光客も讃嘆するだろう。

コラム5

建築写真展

昨年3月、東京のパナソニック汐留ミュージアムで「日本の民家1955年二川《ふたがわ》幸《ゆき》夫《お》・建築写真の原点」展を見た。新聞に紹介記事があり、見知った建物があって興味をひかれたのである。

会場の入り口でビデオが流されており、お元気な二川さんが作品の背景などを話されていた。その数日前に二川さんが80歳の生涯を閉じられていたので、胸に迫るものがあった。

二川さんは学生時代から民家の採集をしていた。最初は平面図をとり、スケッチをしながら全国を歩いたが、やがてカメラを持ち、日本民家の美しさを記録しようと考えた。

会場には、毎日出版文化賞を受けた『日本の民家』全10巻所収の写真から選ばれた72展が展示されていた。一緒に全国を歩いて、解説を書かれたのは伊藤ていじ氏（元工学院大学学長）だが、彼も3年前に亡くなられている。

高山市の吉島休兵衛家の梁組、信州・本山宿の街道と町並み、愛媛県南宇和郡西海町外泊集落、山形県鶴岡市田麦俣の多層民家など、日本民家の造形や群落、道の美が多様かつ正確に写し撮られている。

1955年当時に対する二川さんの認識は、古いものが全部拒否され、文化や美しさの拠り所が分からない自信喪失の時代だったという。民家は土地と生活文化に根ざしたもので、無理がなく、近代的建築物にはない温かさと自然さがある。

おふたりの仕事は、民家再評価の契機になったが、写真の民家の大部分が消えてしまったのはなぜだろうか。

あとがき

都市、農村にかかわらず、人間が住んでいる場所には、固有の歴史と文化がある。その歴史と文化は長い時間をかけて形成され、守られてきたものである。したがって、そのたたずまいや景観には地域生活に安定感をもたらすかけがえのない価値があり、次世代に向けて保全継承されなければならない。

少なくとも、ヨーロッパ諸都市にはそうした社会意識と社会規範が目に見える形で示されていると観察される。戦災などで大規模に破壊された旧市街を長い時間をかけて元通りに復元する意志とエネルギーは、そこから生まれているだろう。

本書はここ三〇年来、都市行政や都市政策の研究調査、ゼミ合宿などで訪れた内外都市の表情をスケッチしたものである。その多くは新聞や雑誌、ブログに掲載したコラムであり、文字通りのスケッチと感想、コメントである。

人間は記憶に生きる存在であり、都市もそのたたずまいや景観を持続させることによって固有の自立的存在となり、市民の生活と意識を抱擁する共同体となるのである。機能や実利優先で都市哲学のない改造や膨張に走ることは、長い目で見れば、市民の生活と意識を混乱させ、共同体を弱体化、あるいは崩壊させるだろう。

一方で、都市は生きた存在であり、変化と変容もその宿命である。パリのエッフェル塔やルーブルのガラスのピラミッドは、新たな文化シンボルの受容例であり、ストラスブールに見る路面電車（ＬＲＴ）の復活と都心のトランジットモール化、アーバンデザインの洗練は、市民生活の快適性と都心の安全・アメニティの向上に貢献している。クルマ社会進行への対応から生まれたハイデルベルクやオスロ、バルセロナなどの大通り歩行者専用化も同様である。

第7章では日本の都市に触れているが、日本の都市社会の大部分はヨーロッパ都市のような歴史と文化を持続させる安定性に欠けている。そこには日本独特の都市形成過程や政治事情、近代化の要因などがあり、まちづくりは未だ模索中といった方がいいように思う。

いずれにしても、それぞれの都市のスケッチと感想、コメントから、われわれが暮らす都市社会を快適で住みよいものにしていくヒントを得ることができれば幸いである。最後に本書刊行に際し、お世話になった北樹出版・古屋幾子氏に感謝申し上げます。

二〇一四年二月

土岐　寛

執筆者紹介

土岐　　寛（とき　ひろし）

1944年　山形県鶴岡市出身

1968年　京都大学法学部卒業

現　在　大東文化大学法学部教授

専　攻　地方自治・都市政策

主要著書　『現代の都市政治』日本評論社、1983年
『地方自治とまちづくり』敬文堂、2002年
『東京問題の政治学』第二版、日本評論社、2003年
『スローな都市の散歩道』北樹出版、2004年
『景観行政とまちづくり』時事通信出版局、2005年

世界の街角まちづくり

2014年4月25日　初版第1刷発行

著　者　土　岐　　寛
発行者　木　村　哲　也

印刷　みずほ企画／製本　川島製本

発行所　株式会社　北　樹　出　版

〒153-0061　東京都目黒区中目黒1－2－6　電話(03)3715-1525(代表)
FAX(03)5720-1488
E-mail : hokuju@hokuju.jp

ISBN 978-4-7793-0424-8